周期表

10	11	12	13	14	15	16	17	18
	1B	2B	3B	4B	5B	6B	7B	0
								₂He - 4.003 ヘリウム
			₅B 25(+3) - 41(+3) 10.81 ホウ素	₆C 29(+4) - 30(+4) 12.01 炭素	₇N 132(-3) - - 27(+5) 14.01 窒素	₈O 124(-2) 126(-2) 16.00 酸素	₉F 117(-1) 119(-1) 19.00 フッ素	₁₀Ne - - 20.18 ネオン
			₁₃Al 53(+3) 67.5(+3) 26.98 アルミニウム	₁₄Si 40(+4) 54(+4) 28.09 ケイ素	₁₅P - 31(+5) 58(+3) 52(+5) 30.97 リン	₁₆S - 26(+6) 170(-2) 43(+6) 32.07 硫黄	₁₇Cl 167(-1) - 35.45 塩素	₁₈Ar - - 39.95 アルゴン
₂₈Ni 69(+2) 83(+2) 58.69 ニッケル	₂₉Cu 74(+1) 91(+1) 63.55 銅	₃₀Zn 74(+2) 88(+2) 65.39 亜鉛	₃₁Ga 61(+3) 76(+3) 69.72 ガリウム	₃₂Ge 53(+4) 67(+4) 72.61 ゲルマニウム	₃₃As - 47.5(+5) 72(+4) 60(+5) 74.92 ヒ素	₃₄Se - 42(+6) 184(-2) 56(+6) 78.96 セレン	₃₅Br 182(-1) - 79.90 臭素	₃₆Kr - - 83.80 クリプトン
₄₆Pd 75.5(+4) 106.4 パラジウム	₄₇Ag 114(+1) 129(+1) 107.9 銀	₄₈Cd 92(+2) 109(+2) 112.4 カドミウム	₄₉In 76(+3) 94(+3) 114.8 インジウム	₅₀Sn 69(+4) 83(+4) 118.7 スズ	₅₁Sb - 90(+3) 74(+5) 121.8 アンチモン	₅₂Te - 57(+6) 207(-2) 70(+6) 127.6 テルル	₅₃I 206(-1) 126.9 ヨウ素	₅₄Xe - - 131.3 キセノン
₇₈Pt 76.5(+4) 195.1 白金	₇₉Au - 151(+1) 197.0 金	₈₀Hg 110(+2) 116(+2) 200.6 水銀	₈₁Tl 89(+3) 102.5(+3) 204.4 タリウム	₈₂Pb - 79(+4) 133(+2) 91.5(+4) 207.2 鉛	₈₃Bi 117(+3) 90(+5) 209.0 ビスマス	₈₄Po 81(+6) 209 ポロニウム	₈₅At 76(+7) 210 アスタチン	₈₆Rn - (222) ラドン
₁₁₀Ds - [281] ダームスチウム	₁₁₁Rg - [280] レントゲニウム	₁₁₂Cn - [285] コペルニシウム	₁₁₃Nh - [278] ニホニウム	₁₁₄Fl - [289] フレロビウム	₁₁₅Mc - [289] モスコビウム	₁₁₆Lv - [293] リバモリウム	₁₁₇Ts - [293] テネシン	₁₁₈Og - [294] オガネソン

₆₄Gd	₆₅Tb	₆₆Dy	₆₇Ho	₆₈Er	₆₉Tm	₇₀Yb	₇₁Lu
107.8(+3) 157.3 ガドリニウム	106.3(+3) 158.9 テルビウム	105.2(+3) 162.5 ジスプロシウム	104.1(+3) 164.9 ホルミウム	103.0(+3) 167.3 エルビウム	102.0(+3) 168.9 ツリウム	100.8(+3) 173.0 イッテルビウム	100.1(+3) 175.0 ルテチウム

₉₆Cm	₉₇Bk	₉₈Cf	₉₉Es	₁₀₀Fm	₁₀₁Md	₁₀₂No	₁₀₃Lr
99(+4) [247] キュリウム	97(+3) [247] バークリウム	96.1(+3) [252] カリホルニウム	- [252] アインスタイニウム	- [257] フェルミウム	- [258] メンデレビウム	124(+2) [259] ノーベリウム	- [262] ローレンシウム

量子物質科学入門
—量子化学と固体電子論：二つの見方—

博士(工学) 山本 知之 著

コロナ社

まえがき

　量子力学の誕生によって，20世紀における科学技術は，すさまじい発展を遂げることとなった．特に，20世紀後半における量子力学の半導体工学への応用によって，人類の文明生活は大きく変化することとなった．現在の量子力学の基本的な体系は，20世紀前半にほぼ完成しているが，最も基本的な「認識」の観点から見ると，いまだ完成していない学問であるといわざるを得ないであろう．しかしながら，量子力学を用いることによって，初めて説明できる現象が数多くあることも確かなことであり，量子力学は実用上非常に価値の高いものであることも確かな事実である．

　本書は，量子力学の基礎を学び，量子力学を具体的に原子や分子，固体などの物質に適用することを目指す者，ならびに分光実験を用いて物質の電子状態の解析を行っている，もしくはこれから行おうと考えている者を対象にした入門書である．量子力学の基礎を必ずしも習得していなくても読み進めることができるように，最低限必要な量子力学の基礎的内容も本書に取り入れた．また，具体的な実験データの解釈や，視覚化した量子化学計算の結果などを多数示すことによって，具体的なイメージからの理解を重視した構成とした．

　量子力学を物質に適用する場合には，量子化学もしくは固体電子論の考え方を用いたアプローチが一般的である．量子化学では，原子の凝集体としての分子やクラスターを考えるが，その一方で，固体物理では周期性を基本とした結晶を考える．双方の考え方は，共に物質に対して量子力学を適用しているにもかかわらず，たがいにそれぞれの分野での議論に閉じている場合が多い．近年，多くの研究成果が報告されているナノメートル（nm）オーダの物質や，ナノメートルオーダで起こる現象などを考える場合には，ちょうど量子化学と固体電子論の境界に位置するところであり，どちらの立場で考えればよいのか

を判断することがきわめて重要となる。したがって、量子化学的非周期系と固体電子論的周期系の両者の考え方を理解した上で、自分が考える立場を明らかにしてから、実際に物質を見ていく必要があろう。本書では、原子から分子、そして固体（結晶）に至るまで、特に量子化学での非周期系の取扱いと、固体電子論での周期系の取扱いとのつながりを、物質が持つ対称性の観点から結びつけるように心がけたつもりであり、本書のタイトルにある「量子物質科学」という用語は、量子化学と固体電子論の両側面をカバーした内容であることを表したものである。

本書の概要は以下のとおりである。1章では、20世紀初頭の量子力学誕生の時代に、原子をどのようにモデル化したか、またそれによって量子力学がどのように構築されたかを概説し、2章では、シュレーディンガーの波動方程式を具体的に適用する方法について、最も単純な系（一次元1粒子）を例にとって説明する。3章では、量子力学の物質への具体的適用のスタートとなる水素原子の中の電子を取り扱い、それを多電子原子に拡張する。4章では、原子の凝集体としての、分子の中の電子に対する取扱いを分子軌道法を用いて説明する。5章では、物質の持つ対称性に着目し、群論を用いた対称性に関する考え方について整理する。6章では、結晶としての固体の電子状態の見方について説明する。7章では、電子状態を実験的に考えるために最も有効な方法であり、8章で説明する分光実験（スペクトロスコピー）への量子力学の応用を理解するために、電子の遷移について時間に依存する摂動論を用いた考え方を説明する。最後に、8章では、分光実験によって得られる実験結果から、物質の電子状態を量子力学の助けを借りて考えていく方法について説明する。

本書の執筆にあたり多くの方々のご指導をいただいた。早稲田大学教授の北田韶彦博士には、本書の計画段階から執筆に対する心構え、ならびに数理物理学の観点から貴重なご指導をいただいた。早稲田大学名誉教授の宇田応之博士には、筆者が学生時代に、分光学の基本についてご指導をいただいた。京都大学大学院教授の田中功博士には、先端的なシンクロトロン放射光を用いた分光実験ならびに第一原理計算を用いた解析についてご指導をいただいた。また、

早稲田大学教授の伊藤公久博士には，おもに熱統計力学の観点から，同教授の山中由也博士には，おもに凝縮系の理論物理学の観点から，同教授の小山泰正博士には，おもに結晶物理学の観点から，多くのご指導をいただいた。本書の執筆企画を作成する段階から，筆者を励まし，多くの適切な助言をくださったコロナ社の各位に感謝する。ここには，お世話になったすべての方々のお名前を挙げることはできないが，お世話になった方々に深謝申し上げる。本書には，誤りや説明不足などが含まれているかもしれないが，それらはすべて筆者の力不足によるところのものであることを最後につけ加えたい。

2010年1月

山本　知之

目　　　次

1. 量子力学の誕生

1.1　原　子　模　型 …………………………………………………… 1
1.2　物質の粒子性と波動性 ……………………………………………… 5
1章のまとめ ……………………………………………………………… 6

2. 波動関数と波動方程式

2.1　波動関数とシュレーディンガーの波動方程式 ……………………… 7
2.2　井戸形ポテンシャル中の粒子 ……………………………………… 8
　2.2.1　無限の高さの井戸形ポテンシャルの場合 ……………………… 8
　2.2.2　有限の高さの井戸形ポテンシャルの場合 ……………………… 11
2章のまとめ ……………………………………………………………… 17

3. 原子の中の電子

3.1　中心力場内の粒子 …………………………………………………… 18
3.2　動径関数と角関数 …………………………………………………… 20
3.3　量　子　数 …………………………………………………………… 22
3.4　原子軌道関数 ………………………………………………………… 26
3.5　多電子原子 …………………………………………………………… 35
3章のまとめ ……………………………………………………………… 42

4. 分子の中の電子

4.1　分子軌道関数 ………………………………………………………… 43

4.2 変 分 原 理 ………………………………………………… 44
4.3 水 素 分 子 ………………………………………………… 45
4.4 等核2原子分子 …………………………………………… 51
4.5 異核2原子分子 …………………………………………… 59
4.6 分子軌道の軌道成分解析 ………………………………… 61
4章のまとめ …………………………………………………… 65

5. 物質の対称性

5.1 点　　　群 ………………………………………………… 66
5.2 対称性を用いた分子の波動関数 ………………………… 72
5.3 結晶の対称性 ……………………………………………… 76
5.4 代表的な結晶構造 ………………………………………… 88
5.5 逆　格　子 ………………………………………………… 92
5.6 X 線 回 折 ………………………………………………… 95
5章のまとめ …………………………………………………… 103

6. 固体の中の電子

6.1 自由電子モデル …………………………………………… 104
6.2 ほぼ自由な電子モデル …………………………………… 111
6.3 強く束縛された電子モデル ……………………………… 113
6.4 第 一 原 理 計 算 ………………………………………… 115
6.5 固体の電子状態の見方 …………………………………… 118
6章のまとめ …………………………………………………… 125

7. 電子の遷移

7.1 時間に依存する摂動近似 ………………………………… 126
7.2 光の吸収と放出 …………………………………………… 128
7章のまとめ …………………………………………………… 132

8. スペクトロスコピーへの応用

8.1 光電子分光 ·· 134
  8.1.1 SiO_2 の価電子帯 XPS スペクトル ··························· 135
  8.1.2 Si の内殻 XPS スペクトルの化学シフト ······················· 137
8.2 蛍光 X 線分光 ·· 139
  8.2.1 S の $K\beta$ 線スペクトル ···································· 144
  8.2.2 Si の $K\beta$ 線スペクトルと $K\alpha$ 線スペクトル ············ 147
8.3 オージェ電子分光 ··· 150
8.4 X 線吸収端近傍微細構造 ··· 154
  8.4.1 Al の K 端 XANES スペクトル ································ 156
  8.4.2 極微量元素の XANES スペクトル ····························· 159
  8.4.3 偏光を利用した XANES スペクトル ··························· 161
  8.4.4 プリエッジスペクトル ·· 163
8章のまとめ ·· 165

付 録

A.1 原子価結合法 ·· 166
A.2 励起源の違いによる発光 X 線スペクトルの形状変化 ·················· 171
A.3 結合エネルギー表 ··· 174
A.4 X 線吸収端のエネルギー表 ·· 176
A.5 特性 X 線のエネルギー表 ·· 177

参 考 文 献 ··· 179
索　　引 ··· 180

1. 量子力学の誕生

　ニュートン（I. Newton, 1643-1727）以降，さまざまな自然現象を説明することができた古典物理学ではあったが，それでは説明できない数多くの現象が現れてきて，そのような現象を説明するために19世紀末から20世紀初頭にかけて，新しい学問体系である量子力学が誕生するに至った。本章では，量子力学を原子や分子，固体などの物質に適用することに主眼を置いて，原子模型と物質の粒子性と波動性の考え方を中心に，量子力学が誕生した経緯について述べることにする。

1.1 原 子 模 型

　1859年に，真空管内でフィラメントを加熱し，高電圧の電場を与えると，陽極側のガラス板が発光（luminescence）するという現象にプリュッカー（J. Plücker, 1801-1868）が注目し，あとにゴルトシュタイン（E. Goldstein, 1850-1930）がそれを**陰極線**（cathode rays）と命名した（1876年）。さらに，**図1.1**に示すような実験装置を用いて，陰極線に電場や磁場を与えることによって陰極線が湾曲するという事実を，1897年にトムソン（J.J. Thomson, 1856-1940）が発見した。

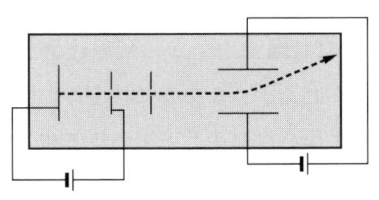

図1.1　陰極線の実験装置

1. 量子力学の誕生

トムソンはこの線の起源は粒子の流れであると考え，その粒子のことを微粒子を意味する「corpuscle」と呼んだが，あとにそれが**電子**（electron）の流れであることが判明し，電子の存在の発見となった。電子は，原子の中に存在しているものと考えられていたが，原子は電気的に中性であると考えられていたのに対して，電子が負の電荷を持つことから，原子の中には電子の持つ電荷と同じだけの正の電荷を持つものが存在しなければならないと考えられた。そこで，トムソンは原子の内部構造について，1903年に図1.2に示すような**原子模型（トムソンモデル）**を提案した。この原子模型は，正に帯電した，ある大きさの領域 n^+ に，負の電荷を持つ電子⊖が点在しているというものである。

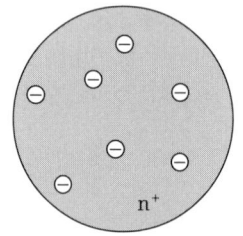

図1.2 トムソンモデル

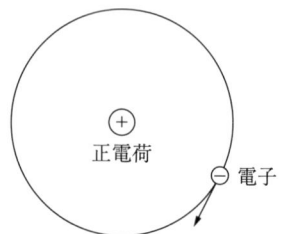

図1.3 長岡-ラザフォードモデル

同年（1903年）に，トムソンモデルとは異なる土星形の原子模型を長岡半太郎（1865-1950）が提案した。トムソンの提唱した原子模型では，異種の物質（正電荷の球）の中を，他の物質（電子）が運動することになるが，それよりも，正電荷⊕の周りを電子⊖が回転しているほうが自然であると長岡は考え，図1.3に示すような土星形の原子模型を提案した。

その後，1911年にラザフォード（E. Rutherford, 1871-1937）が α 粒子（He^{2+}）を金属はくに照射する実験を行ったところ，入射方向に対して90°以上跳ね返される α 粒子が検出された（図1.4）。この現象は**ラザフォード散乱**と呼ばれ，トムソンモデルで考えられたような中心に核をもたない無核モデルでは説明することができず，原子の中心に集中した形で正電荷，すなわち**原子核**（atomic nucleus）が存在していなければならないという考えに至った。つ

1.1 原子模型

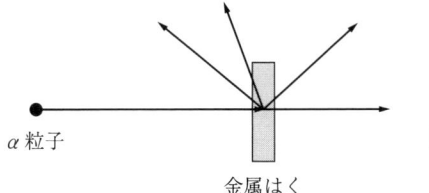

α 粒子

金属はく

図 1.4 ラザフォード散乱

まり，このラザフォードの実験によって，長岡が提案した土星形の原子模型が実験的に証明されたのである．この土星形の原子模型は，これらの二人の名前を取って，**長岡-ラザフォードモデル**と呼ばれている．

しかしながら，この模型には一つの問題が取り残されていた．古典電磁気学の範囲内において，電子のような電荷を持った粒子が加速度を受けると，電磁波を放出してエネルギーを損失することになる．したがって，正電荷の周りを回転する電子は，つねに電磁波を放出してエネルギーを失うことになるので，電子の運動エネルギーは徐々に小さくなり，最終的には中心にある正電荷（原子核）と会合してしまう．すなわち，この土星形の原子模型で考えると，原子は安定には存在し得ないことになってしまう．

これらの原子模型の提案および確認実験とは別に，1885年にバルマー（J.J. Balmer, 1825-1898）が，**図 1.5** に示すような装置を用いて，水素原子から発光する光[†]の分光実験を行った．この実験において，写真乾板が感光した箇所を注意深く見てみると，連続的に感光してはおらず，感光した位置は離散的になっていた．すなわち，水素原子から放出された光は連続的な波長をもたず，

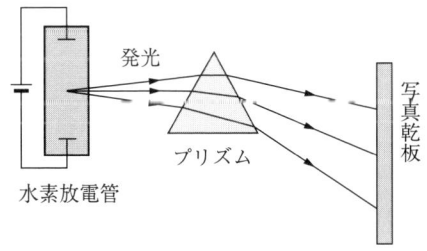

水素放電管　発光　プリズム　写真乾板

図 1.5 水素原子から発光する光の分光実験

[†] 水素原子からの発光については，3章で詳述する．

離散的な波長を持つことになる。水素原子内の電子がエネルギーを失って，それを光として放出するものと考えた場合，長岡-ラザフォードモデルでは，放出する光のエネルギーが連続的な値を持つはずなので，この実験事実も説明することができなかった。

そこで，これらの問題を解決するために，この土星形モデルを元に 1913 年に，ボーア（N. Bohr, 1885-1962）が**量子仮説**を導入した原子模型を提案した。この仮説は，『原子の中には電子が安定して存在できる**軌道**（orbital）があり，その軌道上に電子が存在するかぎりは電磁波を放出せず，エネルギーを失うことはない』と仮定したものである。ここでいう安定な軌道とは

$$2\pi mvr = nh \quad (n=1, 2, \cdots) \tag{1.1}$$

という量子条件を満たす軌道のことである。ここで，m は電子の質量，v は電子の速度，r は電子の回転半径，h はプランク定数である。それでは，一つの**陽子**（proton）と一つの電子からなる，最も単純な原子である水素原子について，この条件を適用してみよう。電子が受ける力，すなわち原子核である正電荷（$+e$）からのクーロン力を求心力とする円運動を考えると

$$\frac{1}{4\pi\varepsilon_0}\frac{e^2}{r^2} = \frac{mv^2}{r} \tag{1.2}$$

が成り立つ。ここで，ε_0 は真空の誘電率である。

式 (1.2) に式 (1.1) の量子条件を代入すると

$$r = \frac{4\pi\varepsilon_0 \hbar^2}{me^2}n^2 \quad (n=1, 2, \cdots) \tag{1.3}$$

という関係が得られる。ここで

$$\hbar = \frac{h}{2\pi} \tag{1.4}$$

である。また，電子のエネルギー E_n は

$$E_n = \frac{1}{2}mv^2 - \frac{1}{4\pi\varepsilon_0}\frac{e^2}{r} = -\frac{2\pi^2 me^4}{(4\pi\varepsilon_0)^2 h^2}\frac{1}{n^2} \quad (n=1, 2, \cdots) \tag{1.5}$$

となる。式 (1.3) および式 (1.5) からわかるように，量子条件を導入すること

により，原子中で電子が存在し得る軌道半径および電子のエネルギーは，連続な値を取ることができず，離散的な値となっていることに注目されたい。

このように安定な軌道上に電子が存在している状態のことを**定常状態**（stationary state）といい，エネルギー E_n を持つ状態を**エネルギー準位**という。また，定常状態の中で，$n=1$ の状態にあるときが最もエネルギーが低い（安定な）状態であり，その状態を**基底状態**（ground state）といい，$n \geqq 2$ の状態を**励起状態**（excited state）という。ここで，n を**量子数**（quantum number）と呼び，粒子がどのような状態にあるかを決定する重要な物理量である。

1.2 物質の粒子性と波動性

20世紀初頭まで，光は波動的性質のみを示すと考えられてきたが，1905年にアインシュタイン（A. Einstein, 1879-1955）が，金属表面に紫外線を照射した際に放出される電子のエネルギーが，その光の波長に依存することを見いだし，古典物理学（電磁場理論）では説明できなかったこの現象（**光電効果**）を説明することができた。ここで，アインシュタインは光を**光子**†（photon）と呼び，振動数が ν の光子の持つエネルギー E が $h\nu$ に等しい，すなわち，つぎの関係を導いた。

$$E = h\nu \tag{1.6}$$

この考え方によって，光は波動的性質のみならず粒子的性質を持つものであると考えられるようになった。

このような議論のあとに，アインシュタインの光電効果に対する考え方を発展的にとらえたのがド・ブロイ（L. de Broglie, 1892-1987）であり，1924年に物質の持つ二重性に関する考えを発表した。アインシュタインは，光の持つ波動性に粒子性を加えたが，その二重性をすべての物質に発展させて，物質には必ずある種の波が付随するものと考え，その波を**物質波**（matter wave）と

---

† **光量子**ともいう。

呼んだ。その物質波の波長を λ とするとき，つぎの関係

$$p = \frac{h}{\lambda} \tag{1.7}$$

が成り立つことを提案した。ここで，p は運動量である。アインシュタインとド・ブロイの考え方をあわせると，すべての物質は波動性と粒子性の両者を持つことになる。式 (1.7) をボーアの量子条件の式 (1.1) に代入すると

$$2\pi r = n\lambda \quad (n = 1, 2, \cdots) \tag{1.8}$$

という関係が得られ，原子の中で電子が安定に存在し得る軌道の半径は，電子の持つ波長の整数倍であることが，ボーアの量子条件と等価な関係になる。

━━ 1章のまとめ ━━

原子模型
- トムソンモデル　　すいか形 → 無核モデル
- 長岡-ラザフォードモデル　　土星形 → 原子は安定に存在し得ない。
- ボーアモデル　　量子条件 → $2\pi mvr = nh$ 　$(n = 1, 2, \cdots)$

光電効果（アインシュタイン）
$E = h\nu$
光は粒子性も持つ

物質波（ド・ブロイ）
$p = \dfrac{h}{\lambda}$
すべての粒子は波動を伴う

→ 物質の二重性
波動性・粒子性

ボーアモデルとド・ブロイの式から，ボーアの量子条件は
$2\pi r = n\lambda$ 　$(n = 1, 2, \cdots)$ 　→ 回転周長が波長の整数倍

2. 波動関数と波動方程式

　本書では，量子力学を物質に適用することに主眼をおいているので，その適用対象となるのは，主として原子や分子，固体などの中に存在する電子である。量子力学を用いて電子の状態を記述するためには，電子の相対論的運動を考慮しない場合には，シュレーディンガー（E. Schrödinger, 1887-1961）によって提案された波動方程式を用いることになる。本章では，まずシュレーディンガーの波動方程式について概説したのち，具体的なシュレーディンガーの波動方程式の適用例として，最も単純な1粒子の一次元運動について考えることにする。

2.1　波動関数とシュレーディンガーの波動方程式

　時間に依存しない，つまり定常状態におけるシュレーディンガーの波動方程式（以降，**シュレーディンガー方程式**と呼ぶ）は

$$H\psi = E\psi \tag{2.1}$$

で表される。ここで，E は**エネルギー固有値**（energy eigenvalue），ψ は**波動関数**（wave function）である。また，H は**ハミルトニアン**（Hamiltonian）で

$$H = -\frac{\hbar^2}{2m}\left(\frac{\partial^2}{\partial x^2} + \frac{\partial^2}{\partial y^2} + \frac{\partial^2}{\partial z^2}\right) + V = -\frac{\hbar^2}{2m}\nabla^2 + V \tag{2.2}$$

で表される。ここで，m は粒子の質量，V はポテンシャルである。古典力学において，ハミルトニアン H は，運動量 p を用いて

$$H = \frac{p^2}{2m} + V \tag{2.3}$$

で表され，第1項が運動エネルギー，第2項がポテンシャルエネルギーに相当

するが，第1項の運動量 p を

$$p = -i\hbar\left(\frac{\partial}{\partial x} + \frac{\partial}{\partial y} + \frac{\partial}{\partial z}\right) = -i\hbar\nabla \tag{2.4}$$

のように演算子で表して量子化した関係が，式 (2.2) のハミルトニアンに対応している。

ところで，シュレーディンガー方程式を解くということは，式 (2.1) で表される微分方程式を解き，エネルギー固有値 E と**固有関数**（eigenfunction）である波動関数 ψ を求めるということである。また，波動関数 ψ はその粒子の状態を表しているが，それ自身では観測が可能な量ではなく，一次元の場合であれば，波動関数の2乗[†]である $|\psi(x)|^2$ が観測可能な量であり，位置 x においてその粒子が見いだされる確率，すなわち存在確率を表している[††]。上記のとおり，波動関数 ψ 自体を直接観測することはできないが，波動関数自身がその粒子の状態を表しており，その形状を用いて化学結合を考えることは非常に重要である。このことについては，4章で詳述する。

2.2 井戸形ポテンシャル中の粒子

2.2.1 無限の高さの井戸形ポテンシャルの場合

まず，ポテンシャルの高さを ∞（無限大）として考えてみよう。すなわち，この粒子は箱の中に完全に閉じ込められており，外に飛び出すことはないものとする。

図 **2.1** に示すような，一次元の箱の中に閉じ込められた1粒子のシュレーディンガー方程式について考えてみよう。このような形状をしたポテンシャルを**井戸形ポテンシャル**（well potential）という。

式 (2.1) において一次元のみ考え，また箱の中ではポテンシャル $V=0$ であ

[†] 波動関数が実数のみの場合で，複素数を含む場合はその複素共役との積 $\psi^*(x)\psi(x)$ になる。
[††] 正確には点 x ではなく，x と $x+dx$ の間での存在確率が $|\psi(x)|^2 dx$ で表される。

2.2 井戸形ポテンシャル中の粒子

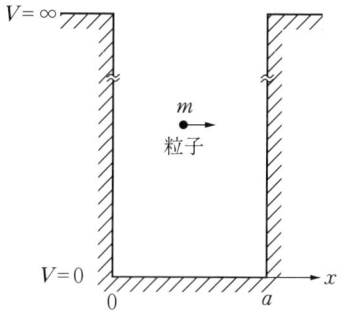

図 2.1 無限の高さの井戸形ポテンシャル中の粒子

るとすると，いま考えている箱の中の 1 粒子のシュレーディンガー方程式は $0 < x < a$ において

$$-\frac{\hbar^2}{2m}\frac{d^2}{dx^2}\phi(x) = E\phi(x) \tag{2.5}$$

で表すことができる。式 (2.5) は x の 2 階常微分方程式になっているので，A, B を任意定数として，その一般解は

$$\phi(x) = A\sin kx + B\cos kx \tag{2.6}$$

もしくは

$$\phi(x) = Ae^{ikx} + Be^{-ikx} \tag{2.7}$$

で表すことができる。この粒子はポテンシャルの高さが無限大の箱の中に存在するものとして，箱を飛び出すことはないので

$$\phi(x) = 0 \quad (x < 0, \ x > a) \tag{2.8}$$

である。波動関数はすべての x において連続でなければならないので，$x = 0$，a においては $\phi(x) = 0$ でなければならない。すなわち

$$\phi(0) = B = 0 \tag{2.9}$$

および

$$\phi(a) = A\sin ka = 0 \tag{2.10}$$

でなければならない。したがって，式 (2.10) より

$$ka = n\pi \quad (n = 1, 2, \cdots) \tag{2.11}$$

である。以上より，固有関数 $\phi(x)$ は

10　　2. 波動関数と波動方程式

$$\phi(x) = A\sin\left(\frac{n\pi}{a}x\right) \quad (n=1,2,\cdots) \tag{2.12}$$

となる。

ところで，$|\phi(x)|^2$ は位置 x における粒子の存在確率を表しているので，それを全空間（ここでは，一次元なのですべての x）で積分すると，その値は 1 にならなければならない（この条件のことを**規格化条件**という）。したがって

$$\int_{-\infty}^{\infty} |\phi(x)|^2 dx = \int_0^a |\phi(x)|^2 dx = A^2 \int_0^a \sin^2\left(\frac{n\pi}{a}x\right) dx = 1 \tag{2.13}$$

でなければならない。この条件より，固有関数 $\phi(x)$ は

$$\phi(x) = \sqrt{\frac{2}{a}} \sin\left(\frac{n\pi}{a}x\right) \tag{2.14}$$

となる。この結果を式 (2.5) に代入して整理すると

$$E = \frac{\hbar^2 \pi^2}{2ma^2} n^2 = \frac{h^2}{8ma^2} n^2 \quad (n=1,2,\cdots) \tag{2.15}$$

となる。この式より，箱に閉じ込められた粒子のエネルギー固有値は n だけの関数であり，**図 2.2** に示したようなとびとびの値（離散値）となり，箱に閉じ込められた粒子は，連続なエネルギー値をとれないことがわかる。

1 章でも述べたが，それぞれのエネルギー固有値に対する粒子の状態のこと

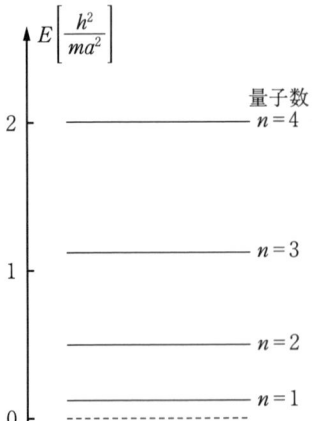

図 2.2　井戸形ポテンシャル中の粒子のエネルギー準位

をエネルギー準位といい，エネルギー準位は量子数 n によって決まる。$n=1$ のときが最もエネルギーが低い基底状態である。ここで，式 (2.15) において，基底状態，すなわち $n=1$ のときのエネルギー固有値が 0 でないことに注意されたい。これは，量子化された粒子は，たとえ絶対零度の状態に置かれたとしても，エネルギーが 0 になることがないことを示している。絶対零度において，粒子が持つエネルギーのことを，**零点エネルギー**（zero-point energy）という。

つぎに，各エネルギー準位の波動関数 $\phi(x)$ の形を見てみよう（**図 2.3**）。図（a）が $\phi(x)$ で，図（b）が $\phi(x)$ を 2 乗したものである。まず，$\phi(x)$ の形を見てみると，箱の両端の位置 ($x=0$, a) が固定された定在波を表しており，n が増えるに従って，横軸をまたぐ回数が一つずつ増えていることが確認できる。その点に注意しながら，図（b）に示す波動関数の 2 乗を見てみると，粒子の存在確率が 0 になる点の数は，量子数が増えるに従って増えていることが見て取れるだろう。

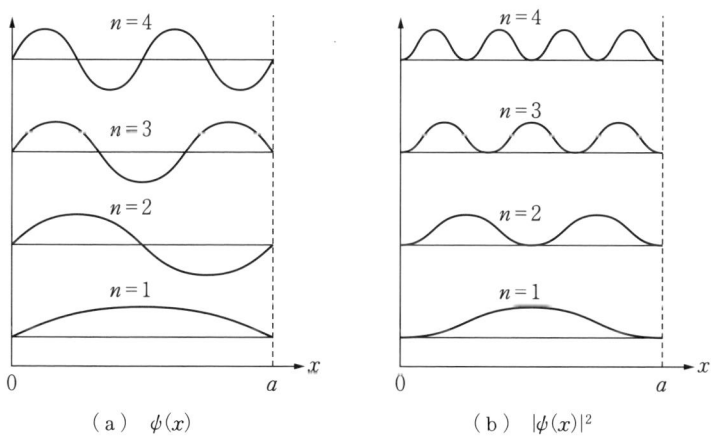

図 2.3　井戸形ポテンシャル中の波動関数とその 2 乗

2.2.2　有限の高さの井戸形ポテンシャルの場合

ここまでは，ポテンシャルの高さが無限大で，粒子が完全に井戸の中に閉じ

込められており，井戸の外では$\phi(x)$が0になるような場合を考えてきたが，ここで，高さが有限である井戸形ポテンシャルの中の粒子について考えてみよう。ポテンシャルの高さをV_0として，粒子の持つエネルギーEが井戸の高さより低い場合，すなわち$V_0 > E$の場合を考える。**図2.4**に示すように，ポテンシャル$V(x)$を

$$V(x) = \begin{cases} V_0 & (x < -a) \\ 0 & (-a < x < a) \\ V_0 & (x > a) \end{cases} \quad (2.16)$$

とする。

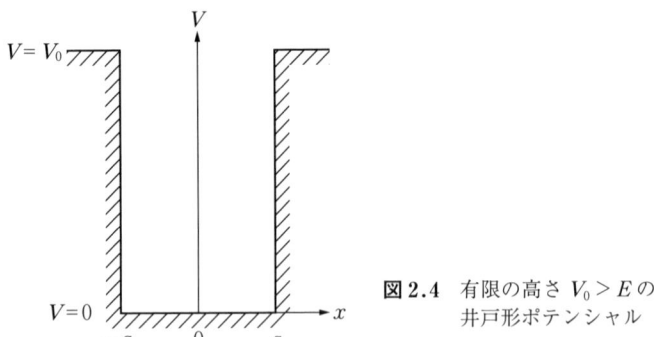

図2.4 有限の高さ$V_0 > E$の井戸形ポテンシャル

満たすべきシュレーディンガー方程式は，井戸の内側では無限に高いポテンシャルの場合と同じように

$$-\frac{\hbar^2}{2m}\frac{d^2}{dx^2}\phi(x) = E\phi(x) \quad (2.17)$$

であり，井戸の外側では

$$\left(-\frac{\hbar^2}{2m}\frac{d^2}{dx^2} + V_0\right)\phi(x) = E\phi(x) \quad (2.18)$$

である。ここで

$$E = \frac{\hbar^2 k^2}{2m} \quad (2.19)$$

と置くと，井戸の中のシュレーディンガー方程式である式 (2.17) は

$$\frac{d^2}{dx^2}\phi(x) = -k^2\phi(x) \tag{2.20}$$

で表される。これより $-a \leqq x \leqq a$，すなわち井戸の中での波動関数は

$$\phi(x) = A\cos kx + B\sin kx \tag{2.21}$$

となる。

つぎに，井戸の外側，すなわち $x < -a$ および $x > a$ において

$$V_0 - E = \frac{\hbar^2 k'^2}{2m} \tag{2.22}$$

と置くと，式 (2.18) は

$$\frac{d^2}{dx^2}\phi(x) = k'^2\phi(x) \tag{2.23}$$

で表される。この式の一般解は

$$\phi(x) = Ce^{-k'x} + De^{k'x} \tag{2.24}$$

で表すことができる。ここで，$x \to \infty$，$x \to -\infty$ での式 (2.24) の性質を考えると

$$\phi(x) = Ce^{-k'x} \quad (x > a) \tag{2.25}$$

$$\phi(x) = De^{k'x} \quad (x < -a) \tag{2.26}$$

となる。

古典力学においては，有限の高さの井戸形ポテンシャルであっても $V_0 > E$ の場合は，決して粒子が井戸の外に飛び出すことはあり得ないが，量子力学を用いた場合には，式 (2.25)，(2.26) で示すように井戸の外側における波動関数は 0 にはならない。すなわち，井戸の外側でも粒子の存在確率が 0 にはならないことを意味している。

ここで，$x = a$，$-a$ において $\phi(x)$ と $d\phi(x)/dx$ は連続でなければならず，また，図 2.4 からもわかるように，ポテンシャルが左右対称な偶関数であるので，$\phi(x)$ は偶関数もしくは奇関数でなければならない。$\phi(x)$ が偶関数の場合

$$\phi(x) = \begin{cases} Ce^{k'x} & (x < -a) \\ A\cos kx & (-a \leq x \leq a) \\ Ce^{-k'x} & (x > a) \end{cases} \quad (2.27)$$

で表される。$x=a$ において $\phi(x)$ が連続である条件から

$$Ce^{-k'a} = A\cos ka \quad (2.28)$$

でなければならず、また $d\phi(x)/dx$ が $x=a$ で連続であるために

$$Ck'e^{-k'a} = Ak\sin ka \quad (2.29)$$

でなければならない。式 (2.28) と式 (2.29) をまとめると

$$k'a = ka\tan ka \quad (2.30)$$

となる。また、式 (2.19) と式 (2.22) から

$$(ka)^2 + (k'a)^2 = \frac{2mV_0 a^2}{\hbar^2} \quad (2.31)$$

という関係が得られる。式 (2.30) と式 (2.31) を、同時に満たすような解が得られればよいが、一般に解析的に解くことは困難である。そこで、グラフを用いて解について考えてみることにしよう。ka を横軸にとり、$k'a$ を縦軸にとり、式 (2.30) と、$V_0 a^2$ の値を変化させながら式 (2.31) を図示したものが**図 2.5** である。

この図において、式 (2.30) と式 (2.31) の交点の数は

$$0 < \sqrt{\frac{2mV_0 a^2}{\hbar^2}} < \pi \quad (2.32)$$

のときは一つ（図中の○）であり

$$\pi \leq \sqrt{\frac{2mV_0 a^2}{\hbar^2}} < 2\pi \quad (2.33)$$

のときは二つ（図中の●）である。これを一般化すると

$$(n-1)\pi \leq \sqrt{\frac{2mV_0 a^2}{\hbar^2}} < n\pi \quad (n=1,2,\cdots) \quad (2.34)$$

のときは n 個の交点が存在することになり、解の個数も n 個になる。

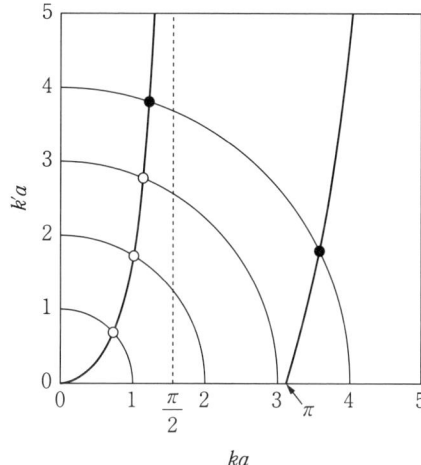

図 2.5 偶関数の場合の解

一方，$\phi(x)$ が奇関数の場合，上記の偶関数の場合と同様に考えて

$$\phi(x) = \begin{cases} -Ce^{k'x} & (x < -a) \\ B\sin kx & (-a \leqq x \leqq a) \\ Ce^{-k'x} & (x > a) \end{cases} \tag{2.35}$$

で表される。$x=a$ において $\phi(x)$ および $d\phi(x)/dx$ が連続とならなければならない条件から

$$Ce^{-k'a} = B\sin ka \tag{2.36}$$

$$-Ck'e^{-k'a} = Bk\cos ka \tag{2.37}$$

でなければならず

$$k'a = -ka\cot ka \tag{2.38}$$

という結果を得る。この場合も，偶関数の場合と同様に式 (2.31) の条件を満たさなければならないので，式 (2.31) と式 (2.38) を同時に満たす解を，グラフの交点から見つけることになる。

ここで，式 (2.27) と式 (2.35) で表される波動関数のうち，最もエネルギーが低い状態，すなわち基底状態と第一励起状態の波動関数を示してみよう（**図2.6**）。この図を見て明らかなように，古典力学を用いると $V_0 > E$ の場合には，

16　　2. 波動関数と波動方程式

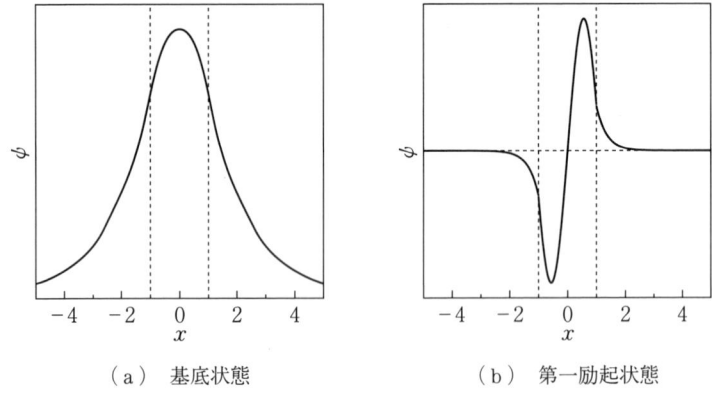

（a）基底状態　　　　　　　　　（b）第一励起状態

図 2.6　高さ V_0 の井戸形ポテンシャル中の基底状態と第一励起状態の波動関数

井戸の中に完全に閉じ込められて，井戸の外側には決して存在することはないが，量子力学を用いると，完全に井戸の中に閉じ込められることはなく，井戸の外側にも存在する確率を持つことになる。

2章のまとめ

定常状態のシュレーディンガーの波動方程式

$$H\phi = E\phi$$

→ エネルギー固有値

ハミルトニアン

$$= -\frac{\hbar^2}{2m}\left(\frac{\partial^2}{\partial x^2} + \frac{\partial^2}{\partial y^2} + \frac{\partial^2}{\partial z^2}\right) + V$$

古典論におけるハミルトニアンの運動量を量子化して演算子で表したもの

$H = \dfrac{p^2}{2m} + V$ において $p = -i\hbar\nabla$ とする。$\nabla = \dfrac{\partial}{\partial x} + \dfrac{\partial}{\partial y} + \dfrac{\partial}{\partial z}$

波動関数

その物理的意味は？

波動関数の2乗
=
その場所での存在確率

井戸形ポテンシャル中の量子の持つ性質

- エネルギー固有値が離散値
- ϕ^2 の分布には粗密がある。
- 井戸の高さ（ポテンシャル障壁）よりエネルギーが低くても，井戸の外に飛び出すことができる！

3. 原子の中の電子

本章では，量子力学を原子の中の電子に適用する方法について考えていくことにする。まず，原子核である陽子と電子の二つの粒子によって構成されている，最も単純な原子である水素（hydrogen）原子について説明する。つぎに，その考え方を電子を二つ以上含む原子，すなわち多電子原子に拡張する。水素原子は，原子核と電子一つという **2体問題**（two-body problem）であり，水素原子内の電子に対するシュレーディンガー方程式は解析的に解くことができる。しかし，電子を2個以上含む多電子原子においては，**多体問題**（many-body problem）を取り扱うことになり，それを解析的に解くことが困難であり，なんらかの近似が必要となってくる。ここでは，**1電子近似**（one-electron approximation）に基づく多電子原子の取扱いについて説明することにする。

3.1 中心力場内の粒子

まず，具体的な原子について考える前に，水素原子の場合と同様な，ポテンシャルがある点を中心とした球対称である場合，すなわち中心力場内にある1粒子について考えてみよう。ポテンシャルが原点からの距離 r だけの関数 $V(r)$ のとき，定常状態における（時間を含まない）シュレーディンガー方程式は

$$\left\{-\frac{\hbar^2}{2m}\left(\frac{\partial^2}{\partial x^2}+\frac{\partial^2}{\partial y^2}+\frac{\partial^2}{\partial z^2}\right)+V(r)\right\}\phi(r)=E\phi(r) \tag{3.1}$$

で表される。このような問題を解くには，デカルト座標を球座標で表したほうが便利なので，図 3.1 に示すように

3.1 中心力場内の粒子

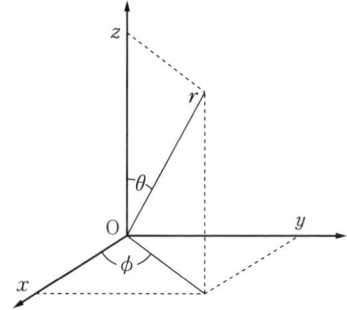

図 3.1 デカルト座標 (x, y, z) と球座標 (r, θ, ϕ)

$$\left.\begin{array}{l} x = r\sin\theta\cos\phi \\ y = r\sin\theta\sin\phi \\ z = r\cos\theta \end{array}\right\} \tag{3.2}$$

のように変数を変換する。式 (3.1) における x, y, z による微分演算子を r, θ, ϕ による微分演算子に変換すると

$$\left.\begin{array}{l} \dfrac{\partial}{\partial x} = \sin\theta\cos\phi\dfrac{\partial}{\partial r} + \dfrac{1}{r}\cos\theta\cos\phi\dfrac{\partial}{\partial \theta} - \dfrac{1}{r}\dfrac{\sin\phi}{\sin\theta}\dfrac{\partial}{\partial \phi} \\[4pt] \dfrac{\partial}{\partial y} = \sin\theta\sin\phi\dfrac{\partial}{\partial r} + \dfrac{1}{r}\cos\theta\sin\phi\dfrac{\partial}{\partial \theta} + \dfrac{1}{r}\dfrac{\cos\phi}{\sin\theta}\dfrac{\partial}{\partial \phi} \\[4pt] \dfrac{\partial}{\partial z} = \cos\theta\dfrac{\partial}{\partial r} - \dfrac{1}{r}\sin\theta\dfrac{\partial}{\partial \theta} \end{array}\right\} \tag{3.3}$$

となるので

$$\begin{aligned} & \dfrac{\partial^2}{\partial x^2} + \dfrac{\partial^2}{\partial y^2} + \dfrac{\partial^2}{\partial z^2} \\ &= \dfrac{\partial^2}{\partial r^2} + \dfrac{2}{r}\dfrac{\partial}{\partial r} + \dfrac{1}{r^2}\left\{\dfrac{1}{\sin\theta}\dfrac{\partial}{\partial \theta}\left(\sin\theta\dfrac{\partial}{\partial \theta}\right) + \dfrac{1}{\sin^2\theta}\dfrac{\partial^2}{\partial \phi^2}\right\} \end{aligned} \tag{3.4}$$

である。これより，球座標表示による中心力場内の 1 粒子に対するシュレーディンガー方程式は

$$\left[\dfrac{\partial}{\partial r}\left(r^2\dfrac{\partial}{\partial r}\right) + \dfrac{1}{\sin\theta}\dfrac{\partial}{\partial \theta}\left(\sin\theta\dfrac{\partial}{\partial \theta}\right) + \dfrac{1}{\sin^2\theta}\dfrac{\partial^2}{\partial \phi^2} + \dfrac{2mr^2}{\hbar^2}\{E - V(r)\}\right]$$
$$\times \phi(r, \theta, \phi) = 0 \tag{3.5}$$

で表される。

3.2 動径関数と角関数

　水素原子の中の電子の波動方程式について考えることにしよう。水素原子では中心（原点）に原子核となる陽子が存在し、その周りの球対称なポテンシャルの中を電子が運動すると考えれば、3.1節の中心力場内の1粒子のシュレーディンガー方程式（式 (3.5)）を用いることができる。ただし、ここでは原子核は電子に比べて十分重いので、原子核は静止しているものと考える。このような近似のことを、**断熱近似**（adiabatic approximation）という。

　まず、式 (3.5) におけるポテンシャルは、陽子と電子の間のクーロンポテンシャルのみであるとして

$$V(r) = -\frac{1}{4\pi\varepsilon_0}\frac{e^2}{r} \tag{3.6}$$

とする。ここで、e は電気素量、ε_0 は真空の誘電率、r は原子核と電子との間の距離である。式 (3.5) にこのポテンシャルを代入し

$$\phi(r,\theta,\phi) = R(r)Y(\theta,\phi) \tag{3.7}$$

のように変数分離できると仮定すると、動径 (r) 方向と角度 (θ,ϕ) 方向とは独立である。$R(r)$ と $Y(\theta,\phi)$ は、それぞれ**動径関数**（radial function）と**角関数**（angular function）と呼ばれ

$$\left\{-\frac{\hbar^2}{2m}\left(\frac{d^2}{dr^2}+\frac{2}{r}\frac{d}{dr}-\frac{l(l+1)}{r^2}\right)+V(r)\right\}R(r) = \varepsilon R(r) \tag{3.8}$$

$$\left\{\frac{1}{\sin\theta}\frac{\partial}{\partial\theta}\left(\sin\theta\frac{\partial}{\partial\theta}\right)+\frac{1}{\sin^2\theta}\frac{\partial^2}{\partial\phi^2}+l(l+1)\right\}Y(\theta,\phi) = 0 \tag{3.9}$$

を満たす。これらの式をそれぞれ解析的に解くことにより $R(r)$ と $Y(\theta,\phi)$ を求めることができる。具体的な解き方は以下のとおりである。まず、$R(r)$ については

$$R(r) = \frac{1}{r}\chi(r) \tag{3.10}$$

と置いて，式 (3.8) を整理すると

$$\left\{-\frac{\hbar^2}{2m}\left(\frac{d^2}{dr^2} - \frac{l(l+1)}{r^2}\right) + V(r)\right\}\chi(r) = \varepsilon\chi(r) \tag{3.11}$$

で表される。式 (3.11) を解くことによって，$\chi(r)$ すなわち $R(r)$ が求まるが，ラゲール（Laguerre）の陪多項式を用いた複雑な計算を必要とするので，ここでは計算の詳細は割愛し，得られるエネルギー固有値 ε が，ボーアが提唱したモデルで得られる値である式 (1.5) の結果

$$\varepsilon = -\frac{2\pi^2 me^4}{(4\pi\varepsilon_0)^2 h^2}\frac{1}{n^2} \qquad (n = 1, 2, \cdots) \tag{3.12}$$

とまったく等しくなることを示すにとどめることにする。

また，$Y(\theta, \phi)$ は式 (3.9) の偏微分方程式を解くことによって得られるが，これも非常に複雑な計算を必要とするので，ここでは割愛することにして結果のみ記す。式 (3.9) の解は

$$Y(\theta, \phi) = (-1)^{(m+|m|)/2}\sqrt{\frac{2l+l}{4\pi}\frac{(l-|m|)!}{(l+|m|)!}}p_l^{|m|}(\cos\theta)e^{im\phi} \tag{3.13}$$

と表すことができる。ここで，$p_l^{|m|}$ はルジャンドル（Le Gendre）の陪関数

$$p_l^{|m|}(\zeta) = (1-\zeta^2)^{|m|/2}\frac{d^{|m|}}{d\zeta^{|m|}}p_l(\zeta) \tag{3.14}$$

である。このような手順に沿って動径関数 $R(r)$ と角関数 $Y(\theta, \phi)$ を求め，その積

$$\psi(r, \theta, \psi) = R(r)Y(\theta, \phi) \tag{3.15}$$

が水素原子中の電子の波動関数，すなわち**原子軌道**（atomic orbital）**関数**となる。

ここまでは水素原子を考えてきたが，原子番号 Z の原子において $(Z-1)$ 個の電子が電離したようなイオンでも，原子核の内部構造を考えなければ 2 体

問題として，水素原子と同じように取り扱うことが可能である．このようなイオンを**水素様原子**もしくは**水素類似原子**と呼ぶ．

水素様原子においては，式 (3.6) で示した原子核と電子との間に働くポテンシャル $V(r)$ を

$$V(r) = -\frac{1}{4\pi\varepsilon_0}\frac{Ze^2}{r} \tag{3.16}$$

のように変更する必要がある．

3.3 量 子 数

前節で，原子軌道関数が動径関数と角関数の積の形で表されることを示した．角関数 Y は θ と ϕ の関数であるが，式 (3.13) と式 (3.14) からわかるように l と m によって特徴づけられる．また，動径関数 R は r の関数であるが，これは n と l で特徴づけられる．これらの n, l, m はすべて量子数であり，それぞれ**主量子数**（principal quantum number），**方位量子数**（azimuthal quantum number），**磁気量子数**（magnetic quantum number）と呼ぶ．これらの量子数 n, l, m は

$$\left. \begin{array}{l} n = 1, 2, 3, \cdots \\ l = 0, 1, 2, \cdots, n-1 \\ m = -l, -(l-1), \cdots, 0, \cdots, l-1, l \end{array} \right\} \tag{3.17}$$

という値をとる．ここで，n, l, m はそれぞれに独立に値をとるわけではなく，式 (3.17) で示すように，l, m には最大値に制限が設けられる．例えば，$n=1$ の場合は，l, m は 0 のみであり，$n=2$ の場合は，$l=0, 1$，$m=-1, 0, 1$ となり，$n=3$ の場合は，$l=0, 1, 2$，$m=-2, -1, 0, 1, 2$ という値をとることができる．

主量子数 n については $n=1, 2, 3, \cdots$ に対応して K, L, M, $\cdots$（以下，アルファベット順）という呼び方が，方位量子数 $l=0, 1, 2, \cdots, n-1$ に対応して s, p, d, f, g, $\cdots$（以下，アルファベット順）という呼び方がある．方

位量子数のはじめの四つの表記については，それぞれ **s**harp, **p**rincipal, **d**iffuse, **f**undamental の頭文字を取ったものであり，歴史的に分光データの特徴から命名されたものである。磁気量子数についても，その形状との対応から x, y, z, xy, yz, …などの呼び方があるが，それについては 3.4 節で詳しく説明することにする。

それでは，それぞれの原子軌道への電子の入り方（占有の順序）について考えてみよう。方位量子数 l を持つ原子軌道の電子の最大占有数は $2(2l+1)$ 個である。すなわち，s, p, d, f 軌道には，それぞれ最大 2, 6, 10, 14 個までの電子が存在することができる。この規則に従って，元素の原子軌道への電子の占有順序を**表 3.1** にまとめて示す。この表に示すとおり，はじめのうちは主量子数，方位量子数の値が低い順に電子が占有され，それぞれ原子軌道の最大占有電子数まで電子が入ったあと，より量子数が大きい軌道に電子が入っている。

しかし，第 4 周期においては，まず 4s 軌道に電子が入ったあとに 3d 軌道に電子が入っている。このように電子の占有順序が，主量子数の順序とは異なる場合が出てくる。実際には，電子の占有順序は**図 3.2** に示す矢印のような順番であり，第 4 周期の場合のみが特殊なわけではなく，それ以外にも占有順序が主量子数の順とは異なる場合があるので，単に，量子数の大小のみで電子の占有順序が決まっているのではないことに注意する必要がある。

最後に，**スピン量子数**（spin quantum number）について触れておこう。スピン量子数 s は電子のスピンの向きを規定するものであり

$$s = +\frac{1}{2}, -\frac{1}{2} \tag{3.18}$$

という値をとりうる。これは，ウーレンベック（G. E. Uhlenbeck, 1900-1988）とハウトスミット（S. A. Goudsmit, 1902-1978）が 1925 年に提案したものであり，電子のスピンを 2 種類に区別するものである。スピンの概念は磁性の起源を考える場合には，必要不可欠であるが，ここでは，電子のスピンは電子の自転に相当する角運動量を表すものの一つであり，個々の電子はスピンに伴う

3. 原子の中の電子

表 3.1 元素の原子軌道への電子の占有順序（網掛けは閉殻）

周期	原子番号	元素	電子配置							
			K	L		M			N	
			1s	2s	2p	3s	3p	3d	4s	4p
1	1	H	1							
	2	He	2							
2	3	Li	2	1						
	4	Be	2	2						
	5	B	2	2	1					
	6	C	2	2	2					
	7	N	2	2	3					
	8	O	2	2	4					
	9	F	2	2	5					
	10	Ne	2	2	6					
3	11	Na	2	2	6	1				
	12	Mg	2	2	6	2				
	13	Al	2	2	6	2	1			
	14	Si	2	2	6	2	2			
	15	P	2	2	6	2	3			
	16	S	2	2	6	2	4			
	17	Cl	2	2	6	2	5			
	18	Ar	2	2	6	2	6			
4	19	K	2	2	6	2	6		1	
	20	Ca	2	2	6	2	6		2	
	21	Sc	2	2	6	2	6	1	2	
	22	Ti	2	2	6	2	6	2	2	
	⋮									
	28	Ni	2	2	6	2	6	8	2	
	29	Cu	2	2	6	2	6	10	1	
	30	Zn	2	2	6	2	6	10	2	
	31	Ga	2	2	6	2	6	10	2	1
	32	Ge	2	2	6	2	6	10	2	2
	33	As	2	2	6	2	6	10	2	3
	34	Se	2	2	6	2	6	10	2	4
	35	Br	2	2	6	2	6	10	2	5
	36	Kr	2	2	6	2	6	10	2	6

3.3 量子数

表3.1 (つづき)

周期	原子番号	元素	電子配置											
			K~N	N		O				P			Q	
			1s~4p	4d	4f	5s	5p	5d	5f	6s	6p	6d	7s	7p
5	37	Rb	[Kr]			1								
	38	Sr	[Kr]			2								
	39	Y	[Kr]	1		2								
	40	Zr	[Kr]	2		2								
	⋮													
	46	Pd	[Kr]	10										
	47	Ag	[Kr]	10		1								
	48	Cd	[Kr]	10		2								
	49	In	[Kr]	10		2	1							
	50	Sn	[Kr]	10		2	2							
	51	Sb	[Kr]	10		2	3							
	52	Te	[Kr]	10		2	4							
	53	I	[Kr]	10		2	5							
	54	Xe	[Kr]	10		2	6							
6	55	Cs	[Kr]	10		2	6			1				
	56	Ba	[Kr]	10		2	6			2				
	57	La	[Kr]	10		2	6	1		2				
	58	Ce	[Kr]	10	1	2	6	1		2				
	⋮													
	70	Yb	[Kr]	10	14	2	6			2				
	71	Lu	[Kr]	10	14	2	6	1		2				
	72	Hf	[Kr]	10	14	2	6	2		2				
	73	Ta	[Kr]	10	14	2	6	3		2				
	⋮													
	79	Au	[Kr]	10	14	2	6	10		1				
	80	Hg	[Kr]	10	14	2	6	10		2				
	81	Tl	[Kr]	10	14	2	6	10		2	1			
	82	Pb	[Kr]	10	14	2	6	10		2	2			
	83	Bi	[Kr]	10	14	2	6	10		2	3			
	84	Po	[Kr]	10	14	2	6	10		2	4			
	85	At	[Kr]	10	14	2	6	10		2	5			
	86	Rn	[Kr]	10	14	2	6	10		2	6			

(以下, 省略)

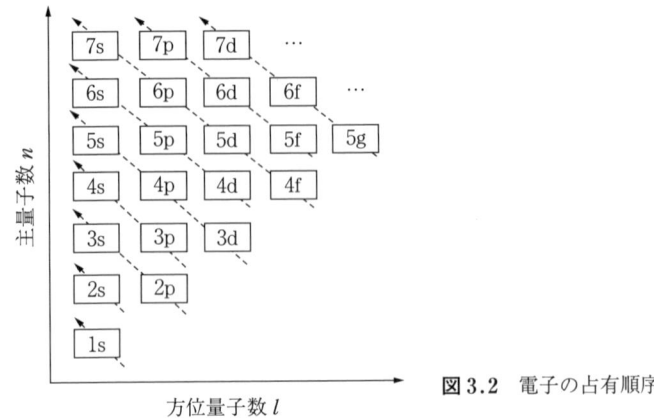

図3.2 電子の占有順序

磁気モーメントを持つ，と述べるにとどめることにする。

3.4 原子軌道関数

水素原子の中の電子に対する原子軌道関数の特徴について考えてみよう。水素原子の動径関数は，3.2節で示した式(3.11)を解くことによって，解析的に得ることができる。実際に，式(3.11)を解いて得られる水素原子の動径関数[†]を**表3.2**にまとめて示す。

表3.2において，式を簡単に表すために

$$\rho = \frac{r}{a_0} \tag{3.19}$$

と置いた。ここで，a_0 は

$$a_0 = \frac{4\pi\varepsilon_0 \hbar^2}{me^2} = 0.5292 \text{Å} = 0.05292 \text{nm} \tag{3.20}$$

である。この a_0 は**ボーア半径**と呼ばれ，式(1.3)に示したボーアモデルにおいて，量子数 n が1のときの電子の回転半径に等しいものである。また，原

[†] 実際には，原子軌道関数には複素数が含まれるが，ここでは議論を簡単にするために，それを実数化したものだけを考えることにする。

3.4 原子軌道関数

表3.2 水素原子の動径関数

原子軌道	$R_{n,l}(\rho)$
1s	$2e^{-\rho}$
2s	$\dfrac{1}{2\sqrt{2}}(2-\rho)e^{-\rho/2}$
2p	$\dfrac{1}{2\sqrt{6}}\rho e^{-\rho/2}$
3s	$\dfrac{2}{81\sqrt{3}}(27-18\rho+2\rho^2)e^{-\rho/3}$
3p	$\dfrac{4}{81\sqrt{6}}\rho(6-\rho)e^{-\rho/3}$
3d	$\dfrac{4}{81\sqrt{30}}\rho^2 e^{-\rho/3}$
4s	$\dfrac{1}{192}(48-144\rho+24\rho^2-\rho^3)e^{-\rho/4}$
4p	$\dfrac{1}{256\sqrt{15}}\rho(80-20\rho+\rho^2)e^{-\rho/4}$
4d	$\dfrac{1}{768\sqrt{5}}\rho^2(12-\rho)e^{-\rho/4}$
4f	$\dfrac{1}{768\sqrt{35}}\rho^3 e^{-\rho/4}$

子核からの距離 r の関数である動径関数を図3.3（a）に，また，その2乗を図（b）に示す[†]。波動関数の持つ物理的意味についていま一度考えてみると，波動関数の2乗はその位置における電子の存在確率を表す。したがって，原子軌道関数の場合には，原子核からの距離 r の関数である動径関数の2乗は，原子核からの距離 r における電子の存在確率を表すことになる。

さて，1章で述べた前期量子力学において提案されたボーアモデルでは，電子は原子核の周りを，ある一定の半径で回転していると考えられていたが，図（b）からも明らかなように，原子の中の電子は原子核の位置から無限遠にかけて，連続的な存在確率の分布を持っている。したがって，低い量子数の電子

[†] いま，球対称ポテンシャル中の三次元で存在確率を考えているので，単に波動関数の2乗を図示するのではなく，係数 $4\pi r^2$ を掛けたものを図示した。

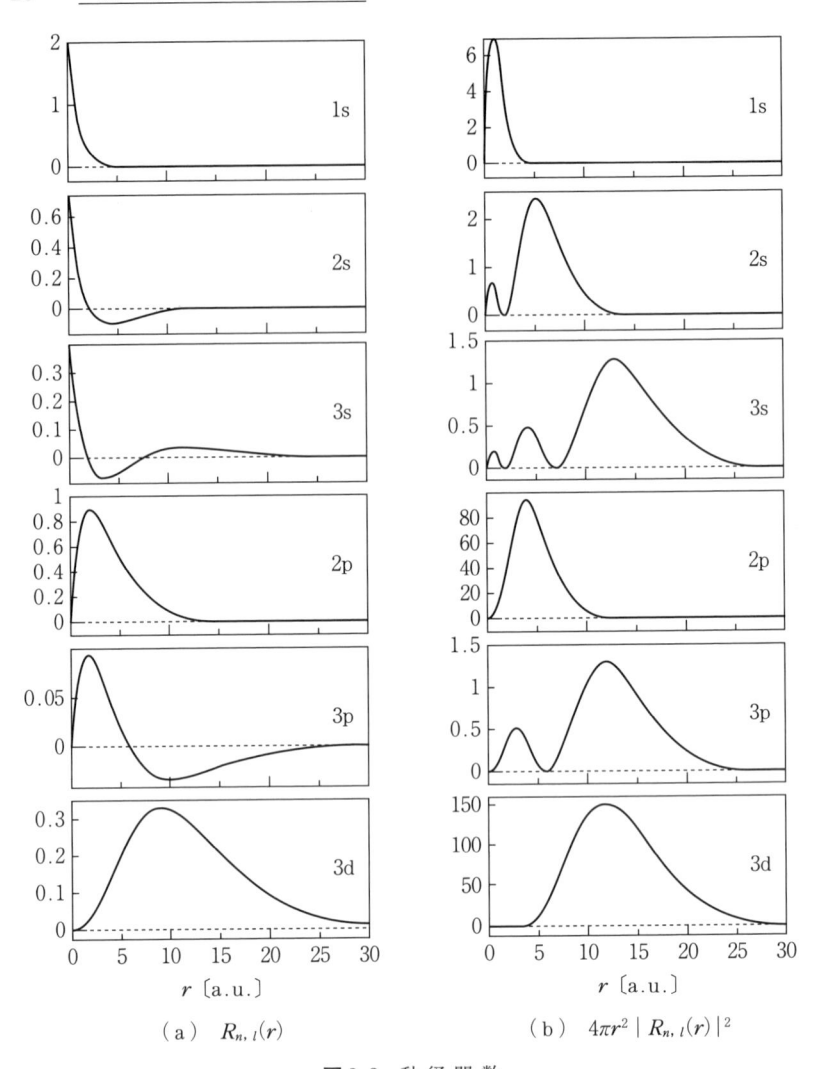

図 3.3 動径関数

(a) $R_{n,l}(r)$ 　　(b) $4\pi r^2 |R_{n,l}(r)|^2$

が，より高い量子数の電子よりも，原子核に近いところにつねに存在しているわけではない。例えば，1s軌道の電子は，2s軌道の外側にも部分的には分布を持っているし，逆に，2s軌道の電子は，1s軌道より原子核に近い部分に存在する確率が十分にあることが，この図より見て取れるだろう。

3.4 原子軌道関数

ここで，1章に記したバルマーによる水素原子からの光の放出について，いま一度詳しく考えてみよう。バルマーが測定した写真乾板上に到達した光の波長は，図3.4に示すような値をとっていた。これらを**バルマー系列**と呼ぶ。

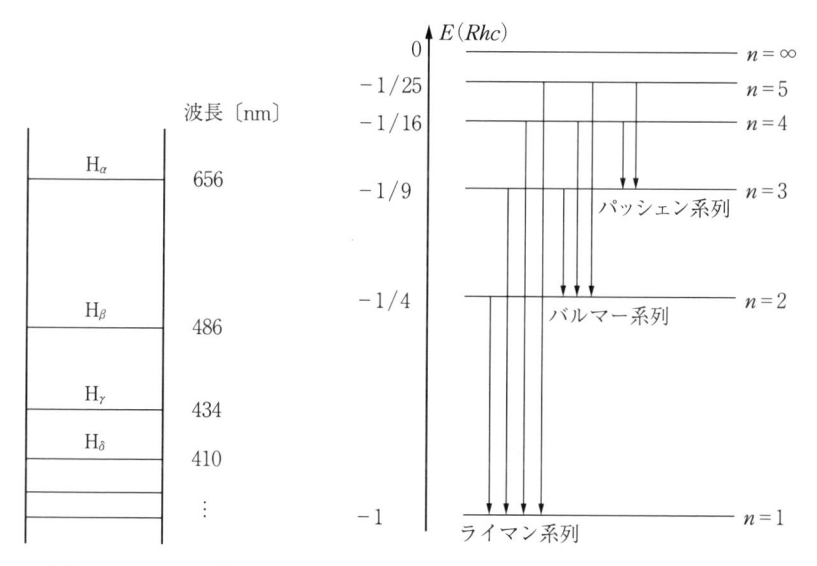

図3.4 バルマー系列

図3.5 水素原子内のエネルギー準位

バルマーはこれらの波長を以下のような式で表されると考えた。

$$\frac{1}{\lambda} = R\left(\frac{1}{2^2} - \frac{1}{n^2}\right) \qquad (n = 3, 4, \cdots) \tag{3.21}$$

バルマー系列以外にも，他の系列が見つけられており，それらをまとめて

$$\frac{1}{\lambda} = R\left(\frac{1}{m^2} - \frac{1}{n^2}\right) \qquad (m = 1, 2, \cdots), (n = m+1, m+2, \cdots) \tag{3.22}$$

と表すことができる。$m=2$ のとき，式 (3.22) は式 (3.21) に一致するので，バルマー系列を表すことになる。$m=1$ を**ライマン**（Lyman）**系列**（1906），$m=3$ を**パッシェン**（Paschen）**系列**（1908），$m=4$ を**ブラケット**（Brackett）**系列**（1922），そして $m=5$ を**プント**（Pfund）**系列**（1924）と呼ぶ（括弧内の数字は，発見された年を表す）。バルマー系列は可視部の波長であるが，ライマン系列は紫外部，パッシェン，ブラケット，プント系列は赤外から遠赤外部

の波長である．水素原子内の電子のエネルギー準位と，これらの系列のうち $m=3$ までを図3.5に示した．

一方，シュレーディンガー方程式を用いて，水素原子内の電子のエネルギー固有値 ε を求めると，式(3.12)に示したように，主量子数 n の2乗に反比例する値となる．式(3.12)において $n=\infty$ とすると，エネルギー固有値 ε は0になる．そこで，式(3.12)の定数部分をまとめれば

$$\varepsilon_n = -Rhc\frac{1}{n^2} \tag{3.23}$$

で表される．ここで，h はプランク定数，c は光速度である．また，R は**リュードベリ**（Rydberg）**定数**と呼ばれ

$$R = 1.09737 \times 10^7 \text{ m}^{-1} \tag{3.24}$$

という値を持つ．ここで，$n=1$ の状態，すなわち基底状態である水素原子の1s軌道のエネルギー固有値は，式(3.23)より約 $-13.6\,\text{eV}$ となる．$n=\infty$ のときのエネルギー固有値が0になるようにしているので，1s電子を取り除くのに必要なエネルギー，すなわちイオン化ポテンシャルが約 $13.6\,\text{eV}$ であることになる．

つぎに，動径方向だけでなく，三次元的に原子の中の電子の波動関数（原子軌道関数）を見てみることにしよう．3.1節で示したように，原子軌道関数は動径関数と角関数の積で表すことができる．それでは，方位量子数ごとに原子軌道関数の概形を示した図3.6を見てみよう．まず，最も単純である**s軌道**の形は，原子核を中心とする球対称な形状となる．ついで，**p軌道**は，磁気量子数 m によって三つの成分に分類され，それぞれ x，y，z 軸に分布が沿うことから，p_x，p_y，p_z 軌道と呼ばれる．また，**d軌道**も磁気量子数 m によって，五つの成分に分類され，それぞれの形状をもとに d_{xy}，d_{yz}，d_{zx}，$d_{x^2-y^2}$，d_{z^2} と名づけられている．d_{xy} 軌道は，xy 平面で対称な形状となっており，d_{yz}，d_{zx} 軌道はそれぞれ yz，zx 平面に対して対称となっている．これらの三つのd軌道は各軸間に存在確率が大きい部分が存在している．また，$d_{x^2-y^2}$ 軌道も xy 平面に対して対称であるが，d_{xy} 軌道とは異なり，x と y 軸にそれぞれ沿った分布を

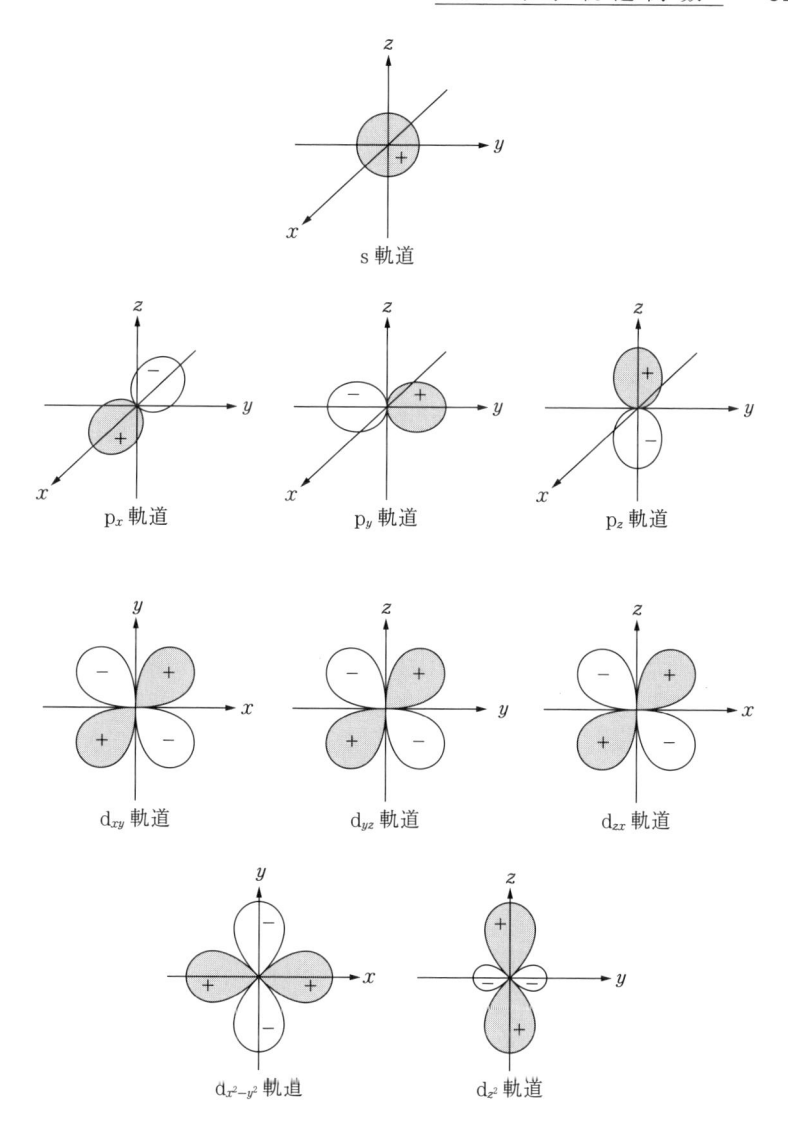

図 3.6　原子軌道関数の概形

する。d_{z^2} 軌道は z 軸に沿った分布をしており，他の四つの d 軌道の分布（四葉形）とは異なった形状となる。

ここで，図 3.3 に示した動径関数の分布を見てわかるとおり，各軌道の動径

関数の2乗は原子核から無限遠に向かって連続的な分布をしており，分布に境界は存在していない．図3.6は，線で囲まれた内側に電子が存在する確率が90％以上となることを目安に，模式的に描いたものである．

ここまでは，波動関数の2乗，すなわち電子の存在確率に着目して説明してきたが，図3.6に＋－の符号が書き込まれていることに注目されたい．これらの符号は，波動関数そのものの情報を示したものである．このことについて，1s, $2p_x$軌道を例にとって，**図3.7**を用いて説明することにしよう．図（a）が1s軌道であり，上側に図3.6と同じものを，下側に図3.3（a）に示した動径関数を，x軸方向に正負両側を示したものである．両者を見比べてみると，上側の図に書き込まれた符号は動径関数の1乗の符号を示したものであることが，容易に見て取れるだろう．同様に，図（b）には$2p_x$軌道について示す．原点を境にしてxの正負において，波動関数の符号が逆転している．すなわち，図3.6に書き込んだ符号は，波動関数そのものの符号を示すものであり，波動関数の1乗と2乗を，同時に示したものであることに注意されたい．このような図の表し方は，分子における化学結合を考えるうえで非常に重要であ

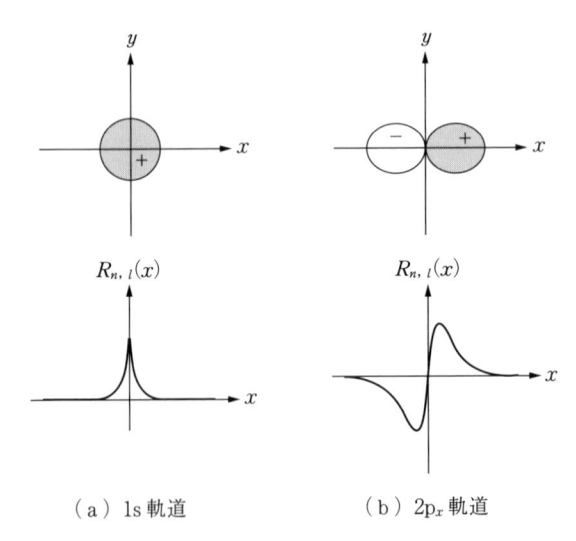

(a) 1s軌道　　　　　(b) $2p_x$軌道

図3.7　1s, $2p_x$軌道の概形と動径関数

る。これらの原子軌道の形状を基にした化学結合の考え方については，4章で詳しく説明することにする。

これまでに，原子軌道に対して四つの量子数（主量子数，方位量子数，磁気量子数，スピン量子数）を定義したが，これらの四つの量子数を用いることによって，原子の中の電子は，すべて異なる量子数を取ることになる。原子軌道への電子の占有の順序について考えて見ると，1s軌道には上向き（$s=+1/2$）と下向き（$s=-1/2$）のスピンを持つ電子が一つずつ入り，ついで，2s軌道にも同様に上向きと下向きのスピンを持つ電子が一つずつ入り，2p軌道には$2p_x$，$2p_y$，$2p_z$にそれぞれ二つの異なるスピンの電子が入って，合計6個の電子が入る。このように，四つの量子数を用いれば，すべての電子がそれぞれ異なる量子数を取ることになる。したがって，原子の中の電子は，すべて異なった状態にあることになり，パウリ（W. Pauli, 1900-1958）が示した『2個以上の電子は同時に同じ状態を取りえない』という**パウリの排他原理**[†]に従っていることがわかるだろう。

3.3節で，主量子数，方位量子数，磁気量子数について説明し，元素の原子軌道への電子の占有順序を示した（表3.1）。また，本節において，上記の三つの量子数に加えて，スピン量子数を考えることによって，原子の中の電子がパウリの排他原理を満たすことを説明した。それでは，スピン量子数まで考えた四つの量子数を用いた場合に，どのような順序で原子軌道に電子が入っていくのかを確認してみよう。**表3.3**において，電子のスピンを上向き（↑）と下向き（↓）で区別して表す。これらの上向きと下向きが，スピン量子数sが$+1/2$と$-1/2$であることに対応している。

まず，Hには1s軌道に上向きのスピンの電子が入ることとしよう（もちろん，下向きから入ってもよい）。ついで，HeではHの中の電子とは反対の向き（下向き）を持った電子が，さらに1s軌道に入り，これによって1s軌道は

[†] パウリの排他原理は，厳密には「2個以上の**フェルミ粒子**（ferminon）は同時に同じ状態を取りえず，また粒子の入れ替えに対して波動関数が反対称になる」というものである。電子はフェルミ粒子の一種である。

表 3.3 スピンを含めた第 2 周期元素までの原子軌道の電子の占有状態

原子番号	元素	原子軌道				
		1s	2s	$2p_x$	$2p_y$	$2p_z$
1	H	↑				
2	He	↑↓				
3	Li	↑↓	↑			
4	Be	↑↓	↑↓			
5	B	↑↓	↑↓	↑		
6	C	↑↓	↑↓	↑	↑	
7	N	↑↓	↑↓	↑	↑	↑
8	O	↑↓	↑↓	↑↓	↑	↑
9	F	↑↓	↑↓	↑↓	↑↓	↑
10	Ne	↑↓	↑↓	↑↓	↑↓	↑↓

すべて満たされたことになる．このように，占有可能な数まで電子が満たされた軌道のことを**閉殻**（closed shell）という．

第 2 周期の元素では，Li では 2s 軌道に上向きの，そして Be には双方のスピンを持つ電子が 2s 軌道を占有し，2s 軌道が閉殻となる．B からは 2p 軌道に電子が占有されることになるが，2p 軌道には，磁気量子数によって区別される $2p_x$, $2p_y$, $2p_z$ の三つの軌道が存在する．まず，初めに，B では，p_x 軌道に電子が入り，ついで，C ではそれに加えて p_y，さらに N では p_z に電子が占有される．図 3.6 に示したように，p_x, p_y, p_z 軌道は，それぞれ x, y, z 軸に沿った分布をしており，電子間のクーロン反発を避けるために，このようにそれぞれの電子が異なる磁気量子数を持つ軌道に，順に一つずつ入る．また，スピンの向きについても，B，C，N とすべて上向きにそろったスピンを持つほうが，エネルギー的に安定になるので $2p_x$, $2p_y$, $2p_z$ がすべて同じスピンの向きで順に占有される．このように，スピンの向きをそろえて電子が占有されることを**フント**（Hund）**の法則**と呼ぶ．

d 軌道や f 軌道においても同様にスピンの向きをそろえて，順に異なる磁気

量子数を持つ軌道に電子が入っていく。例えば，原子番号が25番のMnの電子配置は1s(2), 2s(2), 2p(6), 3s(2), 3p(6), 3d(5), 4s(2)であるが（（ ）内はその軌道に含まれる電子数），3d軌道の5個の電子はすべて同じ向きとなる。前述のとおり，電子のスピンは磁気モーメントの起源となるので，3d遷移金属のように，上向きと下向きのスピンを持つ電子数に差がある場合は，磁気モーメントを持つことになり，そのような元素が磁性を示す起源となっている。

3.5 多電子原子

本章において，ここまでは2体問題である水素原子（水素類似原子）を取り上げて，原子軌道関数を解析的に求める方法，ならびに原子軌道の基本的な性質について説明してきた。ここでは，電子を複数（2個以上）含む多電子原子における，波動関数の考え方について述べることにしよう。本章の初めに述べたとおり，原子核1個と電子1個の2体問題においては，その一つの電子に対するシュレーディンガー方程式は解析的に解くことができる。しかしながら，電子を2個以上含む場合，すなわち多体問題においては，シュレーディンガー方程式を解析的に解くことが困難である。そこで，電子を2個以上含む原子に対しては，なんらかの近似を用いてシュレーディンガー方程式を解く必要がある。ここでは，多電子原子の中の電子の波動関数を求めるために，広く用いられている平均場近似のもとで，多電子原子の中の電子のシュレーディンガー方程式を解く方法について述べることにする。

原子番号がZの原子にN個（$N \geq 2$）の電子がある場合を考えてみよう。この系全体（全電子系）のハミルトニアンHは

$$H = -\frac{\hbar^2}{2m}\nabla_1^2 - \frac{\hbar^2}{2m}\nabla_2^2 - \cdots - \frac{\hbar^2}{2m}\nabla_N^2 + V(r_1, r_2, \cdots, r_N) \quad (3.25)$$

で表すことができる。ここで，Vはポテンシャルエネルギーであり，それぞれの電子が原子核から受けるクーロン引力と，それぞれの電子間に働く相互作用のポテンシャルを含んでいる。また，r_jはそれぞれの電子の座標を表す。N

個すべての電子の状態を合成した波動関数,すなわち全電子系の波動関数 ψ が満たすべきシュレーディンガー方程式は

$$H\psi(r_1, r_2, \cdots, r_N) = E\psi(r_1, r_2, \cdots, r_N) \tag{3.26}$$

で表される。ここで,一つの r_j に対して x, y, z 方向,もしくは球座標表示での r, θ, ϕ 方向の3成分があるので,単に三次元空間における一つの波を考えるのではなく,$3N$ 次元の波に関する波動方程式を解かなければならないことになる。また,電子間の相互作用をそれぞれ記述しなければならず,式 (3.26) をあらわに解くことはたいへん困難である。

そこで,1928年に平均場近似という考え方が,ハートリー(D.R. Hartree, 1897-1958)によって提案され,**ハートリー近似**と呼ばれる多電子系の波動方程式の近似解法が考えられた。ここでは,ハートリー近似における多電子系の波動方程式の解法について説明しよう。ハートリー近似では,電子間には相互作用が働かない,すなわち各電子はそれぞれ独立に運動するものと考える。すると,式 (3.25) で表したハミルトニアン H は

$$H = -\frac{\hbar^2}{2m}\nabla_1^2 + V_1(r_1) - \frac{\hbar^2}{2m}\nabla_2^2 + V_2(r_2) - \cdots - \frac{\hbar^2}{2m}\nabla_N^2 + V_N(r_N) \tag{3.27}$$

で表すことができる。この式の中身を見てみると,全電子系に対するハミルトニアン H は,各電子に対するハミルトニアン

$$h_j = -\frac{\hbar^2}{2m}\nabla_j^2 + V_j(r_j) \qquad (j=1, 2, \cdots, N) \tag{3.28}$$

の和になっている。したがって,全電子系のハミルトニアン H は

$$H = \sum_{j=1}^{N} h_j = \sum_{j=1}^{N}\left(-\frac{\hbar^2}{2m}\nabla_j^2 + V_j(r_j)\right) \tag{3.29}$$

のように表すことができる。

このような場合,式 (3.26) で示したシュレーディンガー方程式における N 電子系の波動関数 ψ は

$$\psi(r_1, r_2, \cdots, r_N) = \phi_1(r_1)\phi_2(r_2)\cdots\phi_N(r_N) \tag{3.30}$$

のように，各粒子の波動関数の積の形で表すことができる。式 (3.30) を式 (3.26) に代入すると

$$H\phi_1(r_1)\phi_2(r_2)\cdots\phi_N(r_N) = E\phi_1(r_1)\phi_2(r_2)\cdots\phi_N(r_N) \tag{3.31}$$

となる。この式は変数分離することができ，個々の電子に対する **1 電子シュレーディンガー方程式** が得られる。

$$h_j(r_j)\phi_j(r_j) = \varepsilon_j\phi_j(r_j) \tag{3.32}$$

したがって，式 (3.31) に示した多電子系のシュレーディンガー方程式を解くには，各電子に対する 1 電子シュレーディンガー方程式である式 (3.32) をすべての電子について個別に解き，式 (3.26) に代入すればよいことになる。

それでは，式 (3.32) の 1 電子シュレーディンガー方程式の解法について考えてみよう。ある位置 r において，N 個すべての電子が作る電荷密度は

$$\rho_{all}(r) = \sum_{i=1}^{N}\rho_i(r) = \sum_{i=1}^{N}|\phi_i(r)|^2 \tag{3.33}$$

で表すことができる。ここで，ハートリー近似では，電子は独立に運動するものと考えているので，図 3.8 に模式的に示したように，注目する電子（j 番目の電子）とそれ以外の電子に分けて考えることにする。このように考えることを **1 電子近似** という。ここで，注目する j 番目の電子の座標を r_j とすると，その電子が全電子から受けるクーロンポテンシャルは

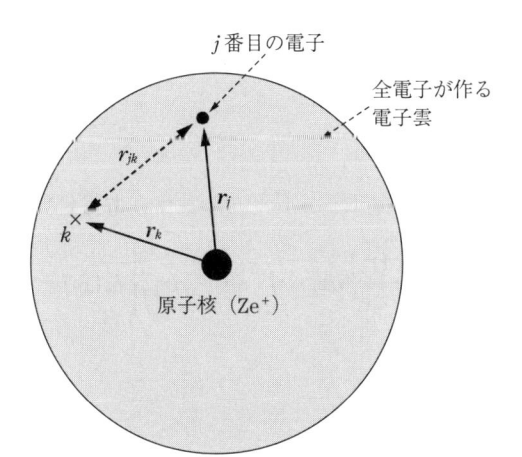

図 3.8 1 電子近似

$$V_{ee}^{all}(r_j) = \frac{e^2}{4\pi\varepsilon_0} \int \frac{\rho_{all}(r_k)}{r_{jk}} dr_k \tag{3.34}$$

で表される。ここで，右辺の分母の r_{jk} は，r_j からの距離すなわち

$$r_{jk} = |r_k - r_j| \tag{3.35}$$

である。

ところで，式 (3.34) には，j 番目の電子自身が作る電荷密度も含まれてしまっている[†]ので，それを取り除く必要がある。j 番目の電子自身が作る電荷密度から受けるクーロンポテンシャルは

$$V_{ee}^{self}(r_j) = \frac{e^2}{4\pi\varepsilon_0} \int \frac{\rho_j(r_k)}{r_{jk}} dr_k \tag{3.36}$$

で表されるので，結局 j 番目の電子が受けるクーロンポテンシャルは，式 (3.34) から式 (3.36) を引いて

$$V_{ee}(r_j) = V_{ee}^{all}(r_j) - V_{ee}^{self}(r_j) = \frac{e^2}{4\pi\varepsilon_0} \left(\int \frac{\rho(r_k)}{r_{jk}} dr_k - \int \frac{\rho_j(r_k)}{r_{jk}} dr_k \right) \tag{3.37}$$

で表すことができる。ここで，式 (3.37) において，全電子が作るポテンシャルから，自分自身が作るポテンシャルを単純に引くことによって，ポテンシャルを得ることができるのは，ハートリー近似において電子が独立に運動していると考えているからである。j 番目の電子が原子核から受けるクーロンポテンシャル V_{nucl} は

$$V_{nucl} = -\frac{1}{4\pi\varepsilon_0} \frac{Ze^2}{r_j} \tag{3.38}$$

であるから，j 番目の電子に対する 1 電子シュレーディンガー方程式は

$$\left\{ -\frac{\hbar^2}{2m} \nabla_j^2 + \frac{e^2}{4\pi\varepsilon_0} \left(-\frac{Z}{r_j} + \int \frac{\rho(r_k)}{r_{jk}} dr_k - \int \frac{\rho_j(r_k)}{r_{jk}} dr_k \right) \right\} \phi_j(r_j)$$
$$= \varepsilon_j \phi_j(r_j) \tag{3.39}$$

[†] このことを **自己相互作用** という。

で表される。

　すべての電子について，順次，式 (3.39) を解いて，一電子波動関数 ϕ_j を求めて，それを全電子系のシュレーディンガー方程式である式 (3.31) に代入することによって，全電子系のエネルギー固有値を求めることになる。ところが，具体的に式 (3.39) に示した1電子シュレーディンガー方程式を解いていくためには，初めにポテンシャルを与える必要がある。そこで，初期条件としてなんらかの電荷分布を仮定して与えて，式 (3.39) を解き，初めに与えたポテンシャルと，計算の結果得られたポテンシャルとが一致するまで計算を繰り返して，ポテンシャルを決定していくという過程を経ることになる。このように，初期ポテンシャルと1電子シュレーディンガー方程式を解いて得られたポテンシャルとが一致することを，**セルフ コンシステント（自己無頓着）な状態**になったといい，このような計算法のことを**セルフ コンシステント フィールド**（self consistent field）**法**，もしくは **SCF 法**と呼ぶ。

　上記のハートリー近似においては，電子が独立に運動しているという大胆な近似を行った。しかし，多電子原子において，例えば，He 原子内の二つの電子について考えてみると，原子核の左側に一つの電子があるとき，もう一つの電子は，その電子とのクーロン反発を避けるために，右側に存在するのが自然でありそうに思われるであろう。ハートリー近似では，このようなことも，まったく考慮に入れられておらず，まったく同じ状態を複数の電子が取りうることが許されてしまっている。したがって，ハートリー近似は，『フェルミ粒子である電子は，同時に同じ状態をとりえない』というパウリの排他原理を満たしていないことになる。また，電子の入れ替えを行った際に，波動関数が反対称になるという，もう一つのパウリの排他原理の条件も満たしていない。

　そこで，これらのハートリー近似における問題を解決するために，**ハートリー-フォック**（Hartree-Fock）**近似**が提案された。まず，上記のパウリの排他原理の二つの条件を満たすような波動関数について，簡単のためにスピンを考慮しない2粒子について考えることにしよう。二つの粒子の1粒子波動関数を ϕ_i，ϕ_j とすると，両者が異なる場合には，それらの積である $\phi_i(\boldsymbol{r}_1)\phi_j(\boldsymbol{r}_2)$ と

$\phi_i(r_2)\phi_j(r_1)$ の二つの関数は，共に固有値 $E = E_i + E_j$ を持ち

$$H\phi(r_1, r_2) = E\phi(r_1, r_2) \tag{3.40}$$

の固有関数である．そして，これら二つの関数の一次線形結合の

$$\phi(r_1, r_2) = C_1 \phi_i(r_1)\phi_j(r_2) + C_2 \phi_i(r_2)\phi_j(r_1) \tag{3.41}$$

もまた，式 (3.40) の固有関数となる．ここで，粒子の入れ替え，すなわち座標 r_1 と r_2 を入れ替えると，そのときの2粒子系の波動関数は

$$\phi(r_2, r_1) = C_1 \phi_i(r_2)\phi_j(r_1) + C_2 \phi_i(r_1)\phi_j(r_2) \tag{3.42}$$

となる．ここで，パウリの排他原理を満たすためには，粒子の入れ替えを行ったときに，波動関数が反対称，すなわち符号が反転しなければならないので

$$\phi(r_1, r_2) = -\phi(r_2, r_1) \tag{3.43}$$

でなければならない．したがって

$$C_1 = -C_2 \tag{3.44}$$

である．また，ϕ の規格化条件

$$\iint |\phi(r_1, r_2)|^2 dr_1 dr_2 = 1 \tag{3.45}$$

より

$$C_1 = -C_2 = \frac{1}{\sqrt{2}} \tag{3.46}$$

でなければならない．以上より

$$\phi(r_1, r_2) = \frac{1}{\sqrt{2}} \{ \phi_i(r_1)\phi_j(r_2) - \phi_i(r_2)\phi_j(r_1) \} \tag{3.47}$$

を得る．これを行列式を用いて表せば

$$\phi(r_1, r_2) = \frac{1}{\sqrt{2}} \begin{vmatrix} \phi_i(r_1) & \phi_i(r_2) \\ \phi_j(r_1) & \phi_j(r_2) \end{vmatrix} \tag{3.48}$$

という形になる．これを N 粒子系に拡張すると

3.5 多電子原子

$$\phi(r_1, r_2, \cdots, r_N) = \frac{1}{\sqrt{N!}} \begin{vmatrix} \phi_1(r_1) & \phi_1(r_2) & \cdots & \phi_1(r_N) \\ \phi_2(r_1) & \phi_2(r_2) & \cdots & \phi_2(r_N) \\ \vdots & \vdots & \ddots & \vdots \\ \phi_N(r_1) & \phi_N(r_2) & \cdots & \phi_N(r_N) \end{vmatrix} \quad (3.49)$$

で表され，**スレーター行列式**（Slater determinant）と呼ばれている。

ハートリー近似では，式 (3.30) で示したように，全電子系の波動関数を各電子の1電子波動関数の積で表していたが，ハートリー-フォック近似では，式 (3.49) で示したスレーター行列式で全電子系の波動関数を表す。式 (3.49) は，行列式の性質から，縦（列）もしくは横（行）に同じ列，もしくは同じ行が存在すると，その値は0になり，また，いずれか二つの座標を入れ替えると符号が反転するので，パウリの排他原理を満たしていることになる。

ハートリー近似との違いは，全電子系の波動関数を式 (3.49) のスレーター行列式で表すことに加えて，式 (3.39) で示した1電子シュレーディンガー方程式において，ポテンシャルの第3項（自己相互作用項）である

$$V_{ee}^{self}(r_j) = \frac{e^2}{4\pi\varepsilon_0} \int \frac{\rho_j(r_k)}{r_{jk}} dr_k \quad (3.50)$$

を

$$\sum_i \int \frac{\phi_j^*(r_j)\phi_i^*(r_k)(1/r_{jk})\phi_i(r_j)\phi_j(r_k)}{\phi_j^*(r_j)\phi_j(r_j)} dr_k \quad (3.51)$$

で置き換えるという点がある。式 (3.51) において，電子の座標を入れ替えたような形が含まれていることから，式 (3.51) で表されるポテンシャル項のことを**交換ポテンシャル項**と呼ぶ。ここで，* は複素共役を表しており，2章で説明したとおり，波動関数が複素数を含む場合は

$$\rho(r) = \phi^*(r)\phi(r) = |\phi(r)|^2 \quad (3.52)$$

である。ハートリー-フォック法においても，ハートリー法と同様にセルフコンシステントフィールド法を用いて1電子シュレーディンガー方程式を解いていくことになる。

3章のまとめ

原子の中の電子の状態（波動関数）=**原子軌道関数**
三つの量子数（主量子数 n, 方位量子数 l, 磁気量子数 m）で電子の状態を表す。

$$\text{原子軌道関数}=\underline{\text{動径関数}(n,l)}\times\underline{\text{角関数}(l,m)}$$

　　　　　　　　　　　　　　　　　　　　　　　　　球面調和関数

電子は原子核の周りをぐるぐると回転しているのではなく，連続的に分布している。　さらに　電子の分布は球状だけではない！

水素原子：2体問題 → 解析的に原子軌道関数が決まる。
多電子原子：多体問題 → 要近似「平均場近似（1電子近似）」

ハートリー近似：独立粒子近似，ハートリー積
ハートリー-フォック近似：スレーター行列式，交換ポテンシャル

1電子シュレーディンガー方程式（ハートリー法）

$$\left\{-\frac{\hbar^2}{2m}\nabla^2+\frac{e^2}{4\pi\varepsilon_0}\left(-\frac{Z}{r_j}+\int\frac{\rho(r_k)}{r_{jk}}dr_k-\boxed{\int\frac{\rho_j(r_k)}{r_{jk}}dr_k}\right)\right\}\phi_j(r_j)=E_j\phi_j(r_j)$$

$$\sum_i\int\frac{\phi_j^*(r_j)\phi_i^*(r_k)(1/r_{jk})\phi_i(r_j)\phi_j(r_k)}{\phi_j^*(r_j)\phi_j(r_j)}dr_k$$

交換ポテンシャル
ハートリー-フォック法

4.

分子の中の電子

　前章では，原子の中の電子，すなわち原子核を中心とする1中心の問題について考えた。本章では，原子核が複数存在する分子の場合，すなわち多中心のポテンシャル中における電子の振舞いについて考えることにする。まず，分子の中の電子の波動関数である**分子軌道**（molecular orbital）**関数**を表す近似法について説明し，ついで，具体的な分子の電子状態について述べることにする。最も単純な分子である水素分子を例にとって，分子軌道の考え方の基礎について説明する。さらに，分子の持つ対称性を意識しながら，二つの同種の原子からなる等核2原子分子と，異なる2種類の原子からなる異核2原子分子の電子状態までを説明することにする。さらに複雑な構造を持つ分子の電子状態については，5章で分子の持つ対称性について説明してから，詳しく述べることにする。また，本章の最後に分子軌道の構成要素を考えるのにたいへん有用である，分子軌道の成分解析の方法について述べることにする。

4.1 分子軌道関数

　分子の中の電子の波動関数，すなわち分子軌道関数は複数の原子核からなる複雑なポテンシャル中の電子の振舞いを考えることになるので，あらわに波動方程式をたてて直接的に解くことは非常に困難である。そこで，分子の中の電子の1電子波動関数（分子軌道関数）を，その分子を構成する原子が孤立した原子であると考えたときの，それらの原子軌道関数の一次線形結合で表すという近似を行う。この近似法のことを，上記の『原子軌道関数の一次線形結合』の英語表記である，linear combination of atomic orbitals の頭文字を取って**LCAO近似**と呼ぶ。LCAO近似を具体的に式で表すと

4. 分子の中の電子

$$\phi_j = \sum_i C_i^j \chi_i \tag{4.1}$$

となる。ここで, ϕ_j は分子の中の j 番目の電子の1電子分子軌道関数, C は係数, χ_i は分子を構成する原子の原子軌道関数である。

例として, 一酸化炭素 (CO) 分子に LCAO 近似を適用してみよう。CO 分子を構成する C と O の原子は, 原子の状態ではそれぞれ 6 個と 8 個の電子を持つので, CO 分子には 14 個の電子が存在する。これらの 14 個の電子が化学結合することにより, 元のそれぞれの原子軌道とは異なる分子軌道を形成することになる。基底状態での原子における電子配置は, それぞれ C : 1s(2), 2s(2), 2p(2), O : 1s(2), 2s(2), 2p(4) であり (( ) 内はその軌道に含まれる電子数), それぞれの原子軌道関数を用いて, CO 分子の中の電子の1電子波動関数 (分子軌道関数) を LCAO 近似で表すと次式となる。

$$\phi_j = \sum_i C_i^j \chi_i = C_{C,1s}^j \chi_{C,1s} + C_{C,2s}^j \chi_{C,2s} + C_{C,2p}^j \chi_{C,2p}$$
$$+ C_{O,1s}^j \chi_{O,1s} + C_{O,2s}^j \chi_{O,2s} + C_{O,2p}^j \chi_{O,2p} \tag{4.2}$$

ここで, 式 (4.2) では, 最小数の原子軌道関数を用いている。電子が占有していない軌道 (非占有軌道) の分子軌道関数を議論する場合には, CO 分子の場合であれば C と O の 3s と 3p 軌道などの非占有の原子軌道関数を加える必要がある。ただし, 式 (4.2) では, C と O の 2p 軌道が, 原子の状態において C は四つ, O は二つの軌道が非占有になっているため, 非占有軌道が六つ現れることになっている[†]。一般に, LCAO 近似を用いて, 分子の中の電子の波動関数を表す方法を, **分子軌道法** (molecular orbital method) と呼ぶ。

4.2 変 分 原 理

前節で説明したように, 分子の中の電子の波動関数, すなわち分子軌道関数 ϕ は, LCAO 近似を用いて表すと, 1電子シュレーディンガー方程式

[†] スピン分極を考慮に入れない場合は, 非占有軌道は三つになる。

$$h\phi(\boldsymbol{r}) = \varepsilon\phi(\boldsymbol{r}) \tag{4.3}$$

を解くことができれば，それぞれの分子軌道に対して，1電子固有関数ならびに1電子エネルギー固有値が求められる．しかし，式 (4.3) を解析的に解くことは，特別な場合を除いて不可能であるため，近似的に解かなければならない．ここでは，変分原理を用いた近似解法について説明しよう．

まず，議論を簡単にするために，実数形の波動関数のみを取り扱うことにする．式 (4.3) の両辺に $\phi(\boldsymbol{r})$ を掛けて全空間で積分を実行すると

$$\int \phi(\boldsymbol{r}) h \phi(\boldsymbol{r}) d\tau = \varepsilon \int \phi(\boldsymbol{r})^2 d\tau \tag{4.4}$$

となる[†]．これより，エネルギー固有値 ε は

$$\varepsilon = \frac{\int \phi(\boldsymbol{r}) h \phi(\boldsymbol{r}) d\tau}{\int \phi(\boldsymbol{r})^2 d\tau} \tag{4.5}$$

で表される．波動関数 ϕ は LCAO 近似により，構成原子の原子軌道関数の一次線形結合で表されており，基底関数となる原子軌道関数が既知であるとき，それぞれの LCAO の係数を決めることができれば，1電子波動関数（分子軌道関数）を決定できる．そこで，係数 C_i を変化させたときに最小となる ε を探し出すことにする．すなわち

$$\frac{\delta \varepsilon}{\delta C_i} = 0 \tag{4.6}$$

となるような係数 C_i を決めることにする[††]．具体的な計算方法については，次節で水素分子を例にとって説明しよう．

4.3 水 素 分 子

まず，水素原子二つが結合した最も単純な分子である，水素分子（H_2）中の電子の波動関数（分子軌道関数）について考えることにしよう．水素原子は陽

[†] $G = \int g(\boldsymbol{r}) d\tau$ は，関数 $g(\boldsymbol{r})$ を全空間で積分することを表す．
[††] 変分（δ）についての詳細は，関連する文献を参照されたい．

子1個からなる原子核と1個の電子で構成されていて，水素原子2個が結合することによって水素分子となるので，水素分子には2個の原子核（陽子）と2個の電子が存在することになる。ここでは，単純のためLCAO近似を用いて展開するための水素原子の原子軌道関数は，それぞれの水素原子（H_A, H_B）の1s軌道のみとして，それらをχ_A, χ_Bと表すことにする。

水素分子の分子軌道関数ϕはLCAO近似を用いて

$$\phi(r) = C_A \chi_A(r) + C_B \chi_B(r) \tag{4.7}$$

で表すことができる。これを定常状態のシュレーディンガー方程式

$$h\phi(r) = \varepsilon \phi(r) \tag{4.8}$$

に代入し，左からϕを掛けて全空間で積分したものを$F(\phi)$と置くと，以下のように表すことができる。

$$F(\phi) = \int (C_A \chi_A + C_B \chi_B) h (C_A \chi_A + C_B \chi_B) d\tau - \varepsilon \int (C_A \chi_A + C_B \chi_B)^2 d\tau \tag{4.9}$$

ここで，表記を単純にするために

$$\left. \begin{array}{l} H_{ij} = \int \chi_i h \chi_j d\tau \\ S_{ij} = \int \chi_i \chi_j d\tau \end{array} \right\} \tag{4.10}$$

と置くことにする。H_{ij}とS_{ij}はそれぞれ**共鳴積分**（resonance integral），**重なり積分**（overlap integral）と呼ばれている。式(4.9)を式(4.10)の表記を用いて整理すると

$$F(\phi) = C_A^2 H_{AA} + C_B^2 H_{BB} + 2 C_A C_B H_{AB} - \varepsilon (C_A^2 + C_B^2 + 2 C_A C_B S_{AB}) \tag{4.11}$$

となる。ここで，χは原子軌道関数なので

$$\int \chi_i^2 d\tau = 1 \tag{4.12}$$

となる規格化条件を用いた。ここで，変分原理を適用し，すべての係数C_i（ここではC_AとC_B）に対して，最小となるεを探す。つまり，C_A, C_Bに関して

$$\frac{\partial F}{\partial C_A} = 0 \tag{4.13}$$

$$\frac{\partial F}{\partial C_B} = 0 \tag{4.14}$$

となるようにする。式 (4.13) の条件を式 (4.11) に適用して整理すると

$$\frac{\partial F}{\partial C_A} = 2\left\{C_A(H_{AA} - \varepsilon) + C_B(H_{AB} - \varepsilon S_{AB})\right\} = 0 \tag{4.15}$$

となる。これより

$$C_A(H_{AA} - \varepsilon) + C_B(H_{AB} - \varepsilon S_{AB}) = 0 \tag{4.16}$$

となる。いま考えている水素分子においては,その対称性より,$H_{AB} = H_{BA}$ となるので,C_B についても式 (4.14) の条件より

$$C_A(H_{AB} - \varepsilon S_{AB}) + C_B(H_{BB} - \varepsilon) = 0 \tag{4.17}$$

となる。これらをまとめて行列の形で表すと

$$\begin{pmatrix} H_{AA} & H_{AB} \\ H_{AB} & H_{BB} \end{pmatrix} \begin{pmatrix} C_A \\ C_B \end{pmatrix} = \begin{pmatrix} \varepsilon & \varepsilon S_{AB} \\ \varepsilon S_{AB} & \varepsilon \end{pmatrix} \begin{pmatrix} C_A \\ C_B \end{pmatrix} \tag{4.18}$$

となる。これを**永年方程式** (secular equation) という。この永年方程式において,自明でない解をもつ必要十分条件は

$$\begin{vmatrix} H_{AA} - \varepsilon & H_{AB} - \varepsilon S_{AB} \\ H_{AB} - \varepsilon S_{AB} & H_{BB} - \varepsilon \end{vmatrix} = 0 \tag{4.19}$$

なので,ε はこれを解いて得られる[†]。この行列式のことを**永年行列式**という。いま,水素分子を考えているので,$H_{AA} = H_{BB}$ でもある。よって式 (4.19) は

$$(H_{AA} - \varepsilon)^2 - (H_{AB} - \varepsilon S_{AB})^2 = 0 \tag{4.20}$$

となる。これより固有エネルギー ε は次式となる。

$$\varepsilon_+ = \frac{H_{AA} + H_{AB}}{1 + S_{AB}}, \qquad \varepsilon_- = \frac{H_{AA} - H_{AB}}{1 - S_{AB}} \tag{4.21}$$

つぎに,LCAO の係数 C_A, C_B について考えよう。分子軌道関数の 2 乗について考えると

[†] 線形代数の教科書を参照されたい。

$$\int \phi(r)^2 d\tau = \int (C_A \chi_A + C_B \chi_B)^2 d\tau$$
$$= C_A^2 \int \chi_A^2 d\tau + 2 C_A C_B S_{AB} + C_B^2 \int \chi_B^2 d\tau \qquad (4.22)$$

となる。ここで，規格化条件

$$\int \phi(r)^2 d\tau = \int \chi_A^2 d\tau = \int \chi_B^2 d\tau = 1 \qquad (4.23)$$

を用いると，式 (4.22) は

$$\int \phi(r)^2 d\tau = C_A^2 + 2 C_A C_B S_{AB} + C_B^2 = 1 \qquad (4.24)$$

となる。また，水素分子の対称性を考慮すると，$C_A = C_B$ もしくは $C_A = -C_B$ となるので

$$C_A = C_B = \sqrt{\frac{1}{2(1 + S_{AB})}} \qquad (4.25)$$

または

$$C_A = -C_B = \sqrt{\frac{1}{2(1 - S_{AB})}} \qquad (4.26)$$

となる。したがって，水素分子の中の電子の波動関数，すなわち水素分子の分子軌道関数は

$$\phi_+ = C_A \chi_A + C_A \chi_B = \sqrt{\frac{1}{2(1 + S_{AB})}} (\chi_A + \chi_B) \qquad (4.27)$$

および

$$\phi_- = C_A \chi_A - C_A \chi_B = \sqrt{\frac{1}{2(1 - S_{AB})}} (\chi_A - \chi_B) \qquad (4.28)$$

となる。ここで，波動関数の添え字の + と - は，永年方程式より求めた二つのエネルギー固有値 ε （式 (4.21)）の符号と一致する。このようにして，具体的な多電子分子における 1 電子シュレーディンガー方程式を，変分原理に基づいて解くことにより，水素分子の分子軌道のエネルギー固有値と固有関数を求めることができた。

つぎに，ここで求めた水素分子の分子軌道の性質について考えるために，波

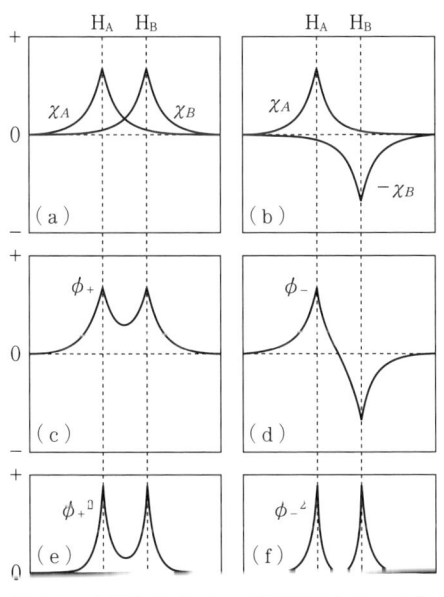

動関数(分子軌道関数)の形を見てみることにしよう。水素分子の分子軌道関数は LCAO 近似を用いて,式 (4.27) ならびに式 (4.28) で表されるような,水素原子の原子軌道(ここでは,1s 軌道のみ)の和,もしくは差の形で表されている。ここで,水素原子の 1s 軌道の動径関数は,図 3.3 (a) に示したように,原子核から遠ざかるにつれて単調減少していく形をなしている。二つの水素原子の 1s 軌道どうしの和と差を描いたものが**図 4.1** (a),(b) である。H_A と H_B は二つの水素原子の原子核の位置を,χ_A と χ_B はそれぞれの 1s 軌道の動径関数を表している。図 (c),(d) は,二つの原子軌道の和と差,すなわち水素分子の分子軌道関数を示したものである。図 (c),(d) に示した分子軌道関数の 2 乗を図 (e),(f) にプロットした。

図 4.1 水素分子 (H_2) の波動関数とその 2 乗

いま,電子のスピンによる違い,すなわちスピン分極は考慮していないので,水素分子中の二つの電子は,基底状態においてはエネルギー固有値が低い ϕ_+ に存在することになる。波動関数の 2 乗は,前述のとおり電子の存在確率を表しており,図 (e),(f) の二つの図の違いを注意深く見てみると,ϕ_+ で

は二つの原子核の間に存在確率が0になるところがないが，ϕ_-では0になっている箇所が存在する。化学結合は原子どうしで電子を共有しあうことによるものであるから，ϕ_+のように二つの原子核の間に，存在確率が多く存在する軌道に電子が収容されている場合には，化学結合は安定になり（強まり），逆に，ϕ_-のように存在確率が0になる箇所があり，原子核間よりも両者の原子核の外側のほうが，存在確率が大きくなってしまうような軌道に電子が収容されると，化学結合は不安定になる（弱まる）ことになる。

このようなことから，二つの原子核の間で波動関数の符号が反転しない，すなわち，波動関数の2乗の値が0になるところがない軌道のことを**結合軌道**（bonding orbital）と呼ぶ。それに対して，二つの原子核の間で波動関数の符号が反転する，すなわち波動関数の2乗の値が0になる箇所がある軌道のことを**反結合軌道**（antibonding orbital）と呼ぶ。このような議論は，水素分子のような単純な分子構造であれば容易に理解できるが，複雑な分子構造を持つ分子では，一見して理解するのが難しい場合がある。そのような場合には，波動関数の空間分布を等高線図を用いて見るのが有効である。ここで，図4.1（c），（d）に示したϕ_+とϕ_-と，それらを等高線で示したものとを比較してみよう（**図4.2**）。この等高線図は，波動関数が正の部分を実線で，また負の

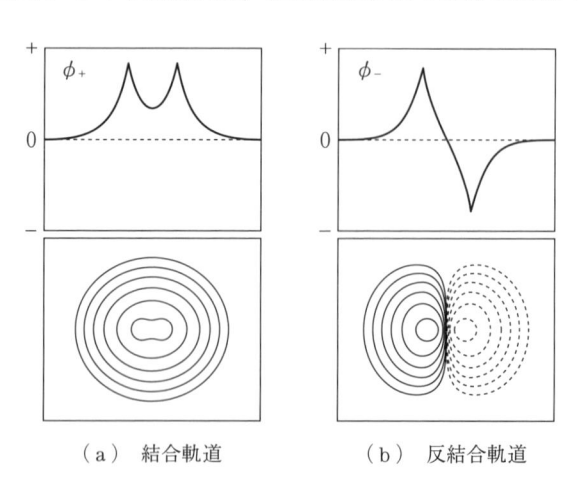

（a）結合軌道　　　　　（b）反結合軌道

図4.2 水素分子の波動関数とその空間分布の等高線図

部分を破線で示した。この等高線図からも明らかなように，反結合軌道の波動関数は空間分布において，二つの原子核の中点で符号が反転している。

4.4 等核2原子分子

　前節では，最も単純な分子である水素分子を取り上げて，そのエネルギー固有値と分子軌道関数を導き，さらに，水素分子における波動関数の形状の説明を通して，水素分子の結合状態について説明した。ここでは，水素分子以外の等核2原子分子の分子軌道について，まず，二つの窒素原子が結合してできる窒素分子（N_2）を例にとって考えてみることにしよう。

　窒素原子は原子番号が7の元素なので，窒素分子中には14個の電子が存在している。基底状態において，窒素原子には，1s軌道に2個，2s軌道に2個，そして2p軌道に3個の電子が存在する。基底関数として最小の1s，2s，2p軌道を取る場合，窒素分子内の電子の波動関数はLCAO近似を用いて

$$\phi_j = C^j_{N1,1s}\chi_{N1,1s} + C^j_{N1,2s}\chi_{N1,2s} + C^j_{N1,2p}\chi_{N1,2p}$$
$$+ C^j_{N2,1s}\chi_{N2,1s} + C^j_{N2,2s}\chi_{N2,2s} + C^j_{N2,2p}\chi_{N2,2p} \tag{4.29}$$

で表すことができる。ここで，N1とN2はそれぞれの窒素原子を表し，χはそれぞれの原子軌道関数である。

　まず，化学結合に直接関与しない原子軌道について考えよう。窒素の1s軌道のエネルギー準位は十分に深く，また，それぞれの原子核のごく近傍に局在して分布しているため，化学結合への関与はきわめて小さい。このような軌道のことを**内殻**（inner shell）と呼ぶが，それらの波動関数も前述のLCAO近似を用いて表すことになる。内殻に対しては，対応する原子軌道のLCAO近似の係数Cを1として，それ以外の係数を0とすれば，元の原子軌道関数と等しくなり，LCAO近似を用いても，化学結合の影響を受けない形の波動関数を表すことができる。ここで取り上げた窒素分子の場合，窒素の1s軌道の係数である$C_{N1,1s}$および$C_{N2,1s}$をそれぞれ1として，他の係数を0とすることによ

り，それぞれの窒素原子の 1s 軌道は窒素分子中において，化学結合に寄与せず，元の原子軌道と同じ形で表すことができる[†]。

つぎに，化学結合に関与する原子軌道（窒素分子では 2s 軌道と 2p 軌道）について考えることにしよう。窒素分子のような等核 2 原子分子においては，分子の対称性により，s 軌道は s 軌道どうし，p 軌道は p 軌道どうしが相互作用して，分子軌道を形成する[††]。

それでは，まず 2s 軌道どうしの結合について考えてみよう。2s 軌道どうしの結合は，基本的に水素分子における水素原子の 1s 軌道どうしが形成する分子軌道と同じように考えることができる。すなわち，2s 軌道どうしの和と差を考えることによって，二つの分子軌道を得ることができる。この結合の様子を模式的に**図 4.3** に示す。ここで，二つの分子軌道を ssσ と ssσ* と名づける。ss は s 軌道どうしを意味し，σ は **σ 結合**を意味する。また，『*』の有無は，『*』がある軌道が反結合軌道，『*』がない軌道が結合軌道を示す。

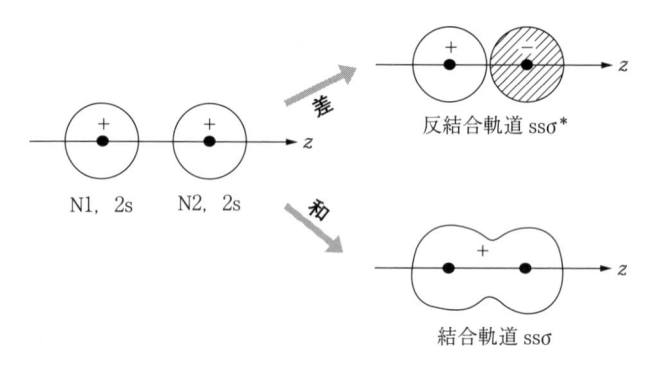

図 4.3 s 軌道どうしの化学結合（σ 結合）

ここで，σ 軌道というのは，等核 2 原子分子の二つの原子核を通る軸に対して，180°回転した際に対称となる分子軌道のことを表している。図に示したとおり，窒素分子の ssσ と ssσ* 軌道は，二つの窒素原子 N1，N2 が存在する

[†] 実際には，すべての係数 C を求めた結果として，これらの係数（$C_{N1,1s}$，$C_{N2,1s}$）がほぼ 1 になる。

[††] それぞれの s 軌道と p 軌道が共に成分となって分子軌道を形成する場合もある。

軸（この図では z 軸）に対して，180°回転してみると元と同じ形，すなわち対称な形になっている。また，水素原子の場合と同様に，ssσ 軌道では二つの窒素原子の原子核の中間で，分子軌道関数の符号が変化することはないが，ssσ* 軌道では符号が反転し，波動関数の値が0になる点が二つの原子核の中点に存在しており，ssσ 軌道が結合軌道，そして ssσ* 軌道が反結合軌道となっていることが確認できるであろう。

続いて，2p 軌道どうしの結合について見てみよう。3章で述べたように，p 軌道には，p_x, p_y, p_z 軌道の3種類がある。いま，二つの窒素原子の原子核が z 軸上にあるものとすると，2p 軌道の形状と，分子の対称性を考えれば $2p_z$ 軌道どうしの結合と，$2p_x$ および $2p_y$ どうしの結合は異なった形態になることが想像できるであろう。

それではまず，$2p_z$ 軌道どうしの結合について考えることにしよう。図 4.4 に示すように，二つの窒素原子 N1, N2 の原子核が存在する軸（z 軸）に添った形で，それぞれの $2p_z$ 軌道が分布している。p 軌道は，原子核の位置を境に波動関数の符号が反転することは，3章で述べたとおり（図 3.6）であるが，二つの $2p_z$ 軌道の符号が，z 軸の向きに対して，同じ向きになるようにして結合した場合には，反結合軌道となり，また，二つの $2p_z$ 軌道の符号が逆向きになった場合は，結合軌道となっていることが，この図よりわかるだろう。そして，$2p_z$ 軌道どうしの結合によって形成される分子軌道の形状は，z 軸周りの

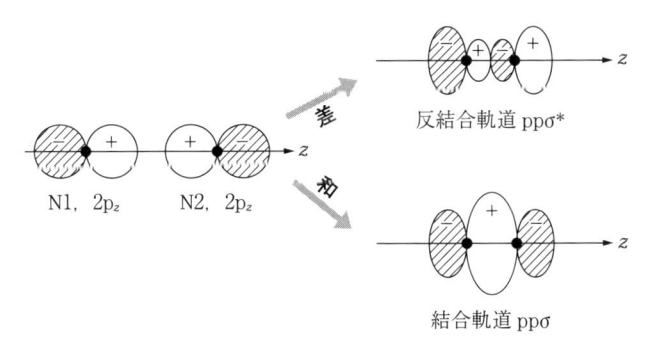

図 4.4　p 軌道どうしの化学結合（σ 結合）

180°回転に対して対称になっているので,s軌道どうしの場合と同様に,σ結合である。これらの分子軌道は,p軌道どうしの相互作用によるものなので,結合軌道をppσ軌道,反結合軌道をppσ*軌道と表す。

つぎに,$2p_x$および$2p_y$軌道どうしの結合について考えてみよう。p_z軌道は二つの窒素原子の原子核が並ぶ軸に沿った形状をしていたが,p_xとp_y軌道はz軸に直交するx軸とy軸に沿った形に分布している。いま考えている窒素分子に対する軸の取り方では,x軸とy軸は等価になるので,ここでは,p_x軌道を取り上げて説明することにする。図 4.5 に示すようにp_x軌道どうしが相互作用して,分子軌道を作る場合は,p_x軌道の符号の向きが,x軸に対して同じ向きと反対の向きをとる場合が考えられる。それらの相互作用によって形成される分子軌道が,図に示されているが,この二つの分子軌道の形状は,これまでのσ結合とは異なり,z軸周りの180°回転に対して対称とはならず,符号がちょうど反転する形状となっている。このように形状は対称であるが,符号が反対となるような対称性を**反対称**と呼び,等核2原子分子において分子軸(ここではz軸)周りの180°回転に対して,反対称となる軌道のことを**π軌道**という。また,結合軌道と反結合軌道についても,これまでと同様に波動関数の符号の入れ替えがあるか否かによって整理することができ,それぞれppπ

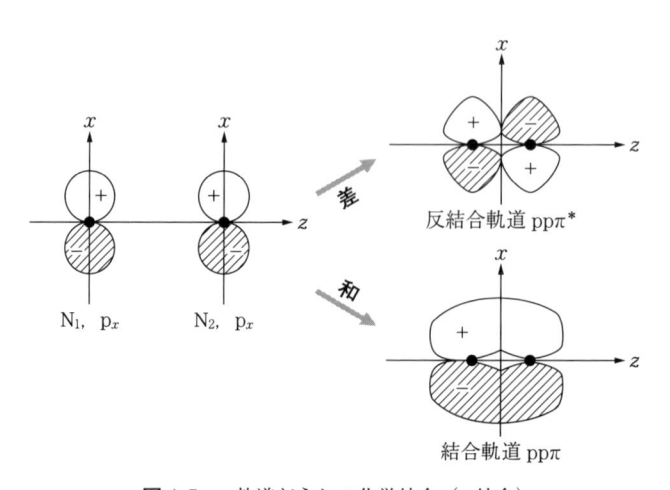

図 4.5 p軌道どうしの化学結合(π結合)

軌道，ppπ*軌道と呼ぶ[†]。

ここでは，p_x軌道どうしの場合を取り上げて説明したが，いま考えている窒素分子における軸の取り方では，p_x軌道とp_y軌道は等価なので，p_y軌道どうしの場合も，p_x軌道の場合とまったく同様になる。このように，空間的には異なる分子軌道ではあるが，対称性からまったく等価になる分子軌道のことを**縮退した分子軌道**という。原子軌道の場合，孤立した原子の状態では，p軌道はp_x，p_y，p_zの三つの原子軌道が縮退しており，このような状態を3重に縮退した状態という。ここでは，p_x軌道どうしとp_y軌道どうしが作る二つのπ軌道が縮退しているので，π軌道は2重縮退である。

以上をまとめると，等核2原子分子においてはs軌道どうしの相互作用によって形成される分子軌道は，σ結合のみであるが，p軌道どうしの場合は，σ結合とπ結合の2通りがある。また，スピン分極を考慮しない場合には，σ軌道には最大2個の電子（スピン上向きと下向きが一つずつ）が収容されるのに対して，π軌道には，二つのp軌道（ここでは，p_x，p_y軌道）が，分子の対称性から縮退するために，最大4個の電子を収容することになる。

ここまでは，概念的にわかりやすいように模式図を用いて説明してきたが，具体的に分子軌道計算を行って得られる，窒素分子内の電子の波動関数の形状を見てみることにしよう。**図4.6**に窒素分子の分子軌道のxz平面上での等高線図を示す。具体的に分子軌道計算を行った結果が，これまでに示した模式図（図4.3，4.4，4.5）と，定性的には同じ形状を示していることが見て取れるだろう。

続いて，分子軌道のエネルギー準位について，ここでも窒素分子を例にとって考えてみよう（**図4.7**）。窒素の1s軌道は内殻で，そのエネルギー準位は十分に深く，直接化学結合には関与しない。したがって，窒素分子中の14個の電子のうち，二つの窒素原子N1，N2の1s軌道の電子である，4個の電子は内殻の電子ということになる。よって，窒素原子中の電子のうち化学結合に関

[†] 等核2原子分子の場合に限って，ssσ，ppσ，ppπ軌道をそれぞれ単にsσ，pσ，pπと表すこともある。

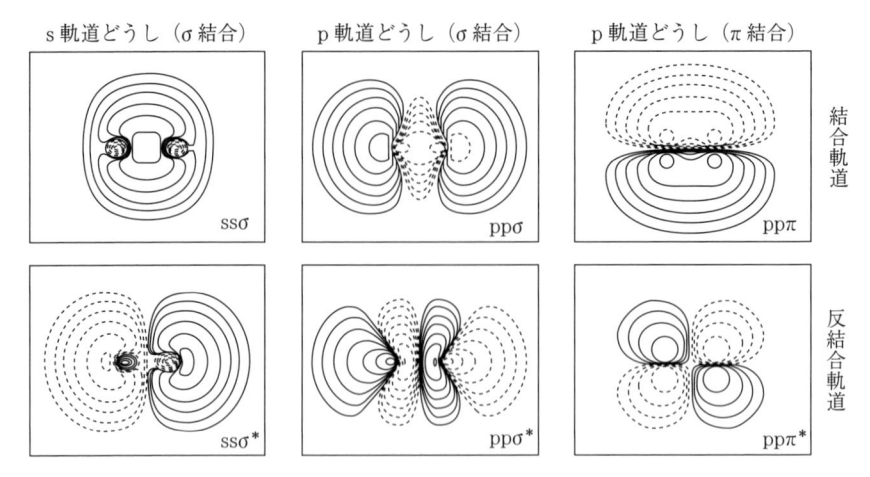

56　4. 分子の中の電子

s軌道どうし (σ結合)　　p軌道どうし (σ結合)　　p軌道どうし (π結合)

ssσ　　　　　　　　　ppσ　　　　　　　　　ppπ　　　　　　結合軌道

ssσ*　　　　　　　　　ppσ*　　　　　　　　　ppπ*　　　　　反結合軌道

図 4.6　窒素分子の波動関数の等高線図

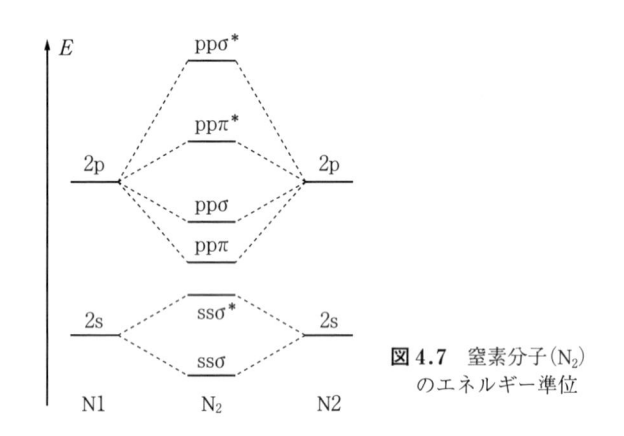

図 4.7　窒素分子(N_2)のエネルギー準位

与している電子の数は10個ということになる。

　窒素原子の2s軌道のエネルギー準位は，2p軌道のエネルギー準位より低いため，2s軌道どうしによって形成される分子軌道（ssσ，ssσ*）のエネルギー準位は，p軌道どうしのものより低くなっている。また，水素分子の場合にも示したが，結合軌道のほうが反結合軌道よりもエネルギー準位は深くなるので，ssσに二つ，そしてssσ*に二つの電子が収容される。

　ついで，p軌道どうしの相互作用による分子軌道に電子が収容されることになる。一般に，原子軌道どうしの重なりが大きいppσ軌道のエネルギー準位

のほうが深くなり，それより ppπ 軌道のエネルギー準位は浅くなる．しかし，実際に窒素分子の分子軌道計算を行うと，ppσ 軌道の成分が p 軌道だけではなく，s 軌道も一部成分となるために，図に示したように，ppπ 軌道のほうが ppσ 軌道よりエネルギー準位が深くなっている．ここで，π 軌道は 2 重に縮退した軌道なので，ppπ 軌道には 4 個の電子が収容され，それから ppσ 軌道に 2 個の電子が収容される．ここまでで，内殻の 4 個の電子を含めて，14 個の電子が収容されたことになるので，これよりエネルギー準位が上の分子軌道には，基底状態においては電子は入らないことになる．したがって，窒素分子においては，二つの反結合軌道 ppπ* と ppσ* 軌道には電子がまったく入らないことになる．

ここで，電子が収容されている分子軌道のことを，**占有分子軌道**（occupied molecular orbital）と呼び，電子が収容されていない分子軌道のことを，**非占有分子軌道**（unoccupied molecular orbital）と呼ぶ．また，電子が収容されている軌道のうち，最もエネルギーが高い軌道（窒素分子では ppσ 軌道）のことを，**最高占有軌道**（highest occupied molecular orbital：HOMO）と呼び，非占有軌道のうち最もエネルギーが低い軌道（窒素分子では ppπ* 軌道）のことを**最低非占有軌道**（lowest unoccupied molecular orbital：LUMO）と呼ぶ．

つぎに，スピン分極を含めた場合の等核 2 原子分子における，電子の占有の仕方について考えるために，窒素分子（N_2）に加えて，酸素分子（O_2）について考えてみよう．O_2 には 16 個の電子が存在する．O_2 のエネルギー準位は，**図 4.8** のようになり，N_2 の場合とは異なって，ssσ，ssσ* に続いて，ppσ，ppπ，ppπ*，ppσ* 軌道の順に，エネルギー準位が浅い軌道となっている．前述のとおり，これらのエネルギー準位は s 軌道と p 軌道の混成の程度に大きく依存しているため，N_2 と O_2 のように類似したように思える分子においても，このようにエネルギー準位の順序が異なることがある．

さて，これらの二つの等核 2 原子分子の分子軌道への電子の占有順序について，スピン分極を含めて考えてみることにしよう．N_2 および O_2 のそれぞれの 1s 軌道は内殻であり，両者の分子にはそれぞれ 4 個の内殻の電子が存在する．

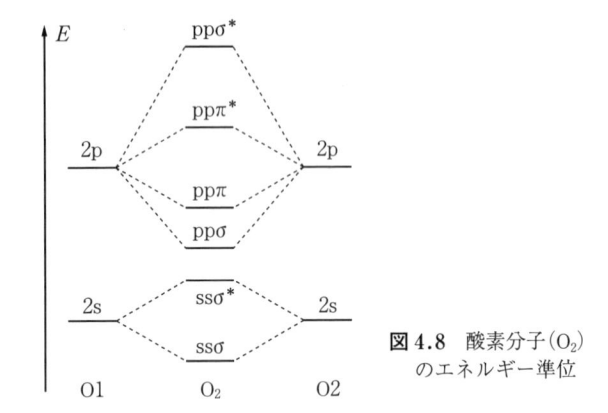

図 4.8 酸素分子(O_2)のエネルギー準位

したがって，N_2 には 10 個の，O_2 には 12 個の電子が化学結合に関与する電子となる。図 4.9 に示すように，N_2，O_2 ともに，エネルギー準位の深い分子軌道から，順に電子が占有されていく。図において，2 重縮退している π 軌道を，p_x どうしと p_y どうしによって構成されている分子軌道を区別するために，π 軌道を $p_x\pi$ および $p_y\pi$ と区別して記した。

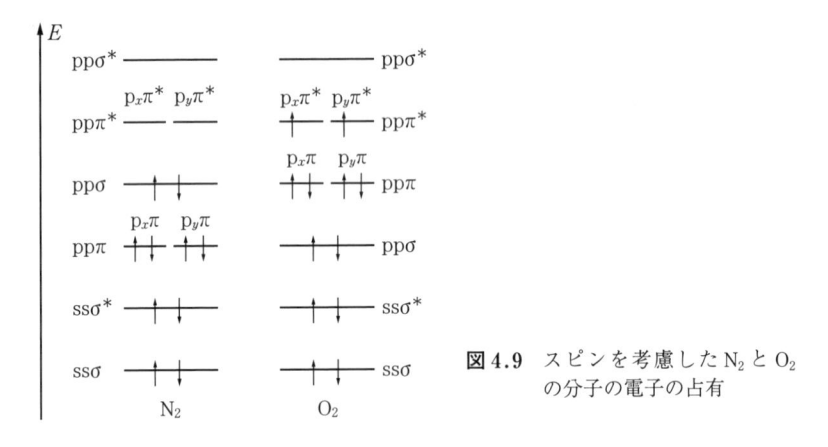

図 4.9 スピンを考慮した N_2 と O_2 の分子の電子の占有

前述のとおり，N_2 においては，ppσ 軌道が HOMO となり，すべての占有軌道に上向きと下向きのスピンの電子が同じ数ずつ占有されている。一方，O_2 においては，ppπ* 軌道が HOMO となり，$p_x\pi$* 軌道と $p_y\pi$* 軌道にそれぞれ上向きのスピンを持つ電子が一つずつ占有される。これは，3 章で述べた原子軌

道において，例えば窒素原子の場合のときに，基底状態においては $2p_x$, $2p_y$, $2p_z$ に，それぞれ一つずつ上向きのスピンを持つ電子が占有されることと同じことであり，フントの法則に従って，クーロン反発を避けるために $p_x\pi^*$ 軌道と $p_y\pi^*$ 軌道にそれぞれ電子が占有され，同じ向きのスピンを持つようになる。したがって，O_2 分子には，電子のスピンに起因する磁気モーメントが存在することになり，N_2 分子が反磁性であるのに対して，O_2 分子は常磁性を示すのである。

4.5 異核2原子分子

前節では，同じ原子二つが結合した等核2原子分子を扱ったが，ここでは，異なる二つの原子からなる異核2原子分子について，一酸化炭素分子（CO分子）を例にとって，等核2原子分子との違いを考えてみることにしよう。CO分子には $6+8=14$ 個の電子が存在し，全電子数は窒素分子と同じであり，CとOの1s軌道は内殻であり，化学結合には直接関与しないので，結合に関与する電子，すなわち価電子の数も窒素分子と同様に10個になる。分子軌道を形成する電子はCとOの2s軌道と2p軌道の電子であり，これも窒素分子と同様である。CO分子と窒素分子とで異なるところは，原子核の電荷が窒素分子ではともに 7^+ であるのに対して，CO分子では 6^+ と 8^+ になっていることと，平衡原子間距離が $0.10977\,\mathrm{nm}$（N_2）と $0.11282\,\mathrm{nm}$（CO）とで異なっていることである。

実際にLCAO近似の下でCO分子に対する分子軌道計算を実行すると，**図4.10**に示すようなエネルギー準位図が得られる。基本的に窒素分子に対して考えた σ 結合と π 結合の考え方を，そのままCO分子に適用して考えてみることにしよう。ここでは，σ 軌道および π 軌道をエネルギーの低いほうから順に番号をつけて記してある。CO分子においては，窒素分子と同様に，エネルギー準位の低いほうから σ 軌道が二つ（3σ, 4σ），π 軌道（1π），そしてHOMOが σ 軌道（5σ）となっている。

60   4. 分子の中の電子

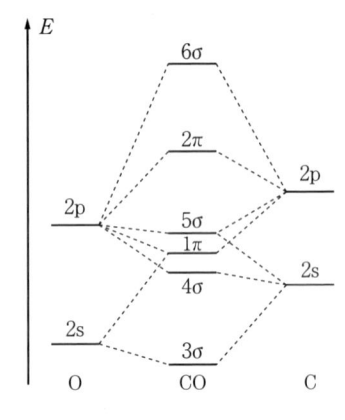

図4.10 CO分子のエネルギー準位

ここで，CO分子の各分子軌道の波動関数の等高線図（**図4.11**）を見てみると，N_2分子の波動関数とよく似た形になっていることが確認できるであろう。しかしながら，CとOの二つの原子核の電荷が異なるために，波動関数の分布が左右非対称になっている。また，エネルギー準位図を注意深く見てみると，N_2分子ではs軌道どうし，もしくはp軌道どうしで分子軌道を形成していたが，CO分子においては4σ，5σ，1π軌道のようにCとOのs軌道とp軌道が共に成分となっている分子軌道が存在している。N_2分子では，分子の対

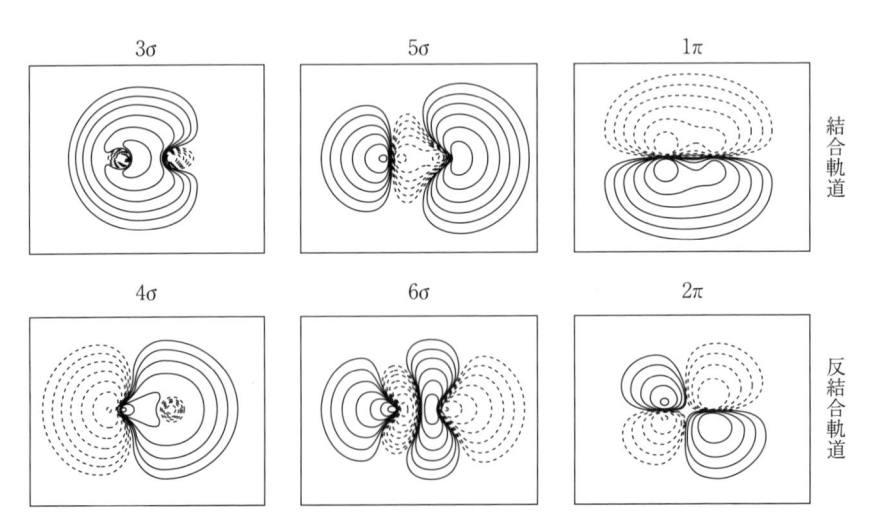

図4.11 CO分子の波動関数の等高線図

称性よりN1のs軌道とN2のp軌道によって一つの分子軌道を形成すると，N1とN2の間に非対称性が生じてしまうため，そのような結合様式は許されないが，CO分子においては，そのような対称性がそもそも存在しないため，そのような非対称となるような結合も可能である。

　これらの等核および異核2原子分子において，σ軌道とπ軌道は，原子軌道で用いたs軌道とp軌道を，それぞれギリシャ文字を用いて表したものである。さらに高い量子数の軌道については，原子軌道のd, f軌道のギリシャ文字を用いてδ, φ軌道と名づけられている。分子軸の方向から見た場合，σ軌道はs軌道と同様に分子軸周りの180°回転に対して対称な形状となるのに対して，π軌道はp軌道と同様に分子軸周りの180°回転で反対称になるような分布になることから，このような対応がとられることになったのである。

　前節の窒素分子と，本節のCO分子の分子軌道について考える際に，分子の持つ対称性を考えることによって，分子軌道を整理できることを記したが，これらの直線分子以外の分子構造を持つ分子においても，その分子の対称性を考えることによって，分子軌道を整理することができ，分子の対称性を考えることはきわめて重要なことである。分子の対称性を用いた一般的な分子の電子状態の考え方については，5章で詳しく説明する。

4.6　分子軌道の軌道成分解析

　分子内での各原子上の電子数については，例えば水（H_2O）分子において，H^+, O^{2-}と考えるように，**原子価**（valence）を考えて，それぞれの原子上にある電子数を表すことがあるが，実際には，そのようなイオンの状態になっているわけではない。また，CO分子などのような場合には，そのような評価法を直接用いることは難しいであろう。分子の中の各原子上の電子数を評価することができれば，CO分子のような分子においても，分子の中における各原子のイオン化状態を評価することが可能である。そこで，そのような目的に用いることが可能である，マリケン（R.S. Mulliken, 1896-1986）によって提案さ

れた分子軌道の**軌道成分解析**（orbital population analysis）の方法を，ここで説明することにしよう．

簡単のために，ある分子軌道が二つの原子 A，B の，それぞれの原子軌道関数の χ_A と χ_B 軌道のみで構成されているものとして，その分子軌道関数 ϕ が LCAO 近似を用いて

$$\phi = C_A \chi_A + C_B \chi_B \tag{4.30}$$

で表されるとしよう．波動関数 ϕ の2乗を考え，それを全空間で積分すると

$$\int \phi^2 d\tau = \int (C_A \chi_A + C_B \chi_B)^2 d\tau$$
$$= C_A^2 \int \chi_A^2 d\tau + 2C_A C_B \int \chi_A \chi_B d\tau + C_B^2 \int \chi_B^2 d\tau \tag{4.31}$$

となる．ここで，ϕ は一つの電子に対する波動関数なので，2乗したものを全空間で積分したもの，すなわち式 (4.31) の値は1になる．また，χ_A，χ_B も原子軌道関数であるから，同様に2乗したものの全空間積分の値は1になる．したがって，式 (4.31) は

$$C_A^2 + 2C_A C_B S_{AB} + C_B^2 = 1 \tag{4.32}$$

となる．ここで

$$S_{AB} = \int \chi_A \chi_B d\tau \tag{4.33}$$

と置いた．マリケンの軌道成分解析法では，式 (4.32) の第2項を，それぞれ 1/2 ずつ軌道 A，B に分配して，各軌道の成分 χ_A，χ_B を

$$\chi_A\text{ 軌道成分}: C_A^2 + C_A C_B S_{AB} \tag{4.34}$$

$$\chi_B\text{ 軌道成分}: C_B^2 + C_A C_B S_{AB} \tag{4.35}$$

で表す．これによって分子軌道を構成するそれぞれの原子軌道が，どの程度その分子軌道の成分であるかが評価可能となる．

この方法を用いた軌道成分の評価について，模式的な概念を**図 4.12** に示す．この図から，C_A^2 と C_B^2 は，それぞれ原子軌道 A および B の成分であることは，想像しやすいと思うが，両者の重なった部分については，元々原子軌道であった A および B 軌道の重なった部分に相当するのが $2C_A C_B S_{AB}$ であるため，

4.6 分子軌道の軌道成分解析

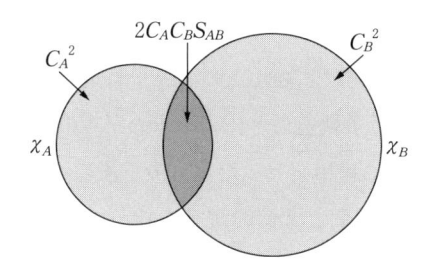

図4.12 マリケンの軌道成分解析

それを各原子軌道に 1/2 ずつ割り当てていると考えている。S_{AB} は H_2 分子の説明の際にも述べたが，重なり積分である。電子が占有されているすべての分子軌道に対して，この軌道成分解析を行い，原子軌道ごとに総和を取れば，それぞれの原子軌道上の電子数を決めることができる。また，原子ごとの総和を取れば，各原子上の電子数を決定することができる。

それでは，上記のマリケンの軌道成分解析の方法を用いた結果を，具体的な分子に適用して見てみることにしよう。まず，前述の CO 分子のマリケンの軌道成分解析の結果を見てみよう（**表4.1**）。1σ と 2σ 軌道はそれぞれ O と C の 1s 軌道の成分が 1 であり，内殻の分子軌道関数が LCAO 近似を用いても，元の原子軌道と一致することを示している。3σ 軌道は C の 2s 軌道の成分が最も多く，それに C の 2p，O の 2s と 2p 軌道の成分で構成されていることがわかる。1π および 2π 軌道は，p 軌道どうしの相互作用のみから構成されていること

表4.1 マリケンの軌道成分解析による CO 分子の分子軌道の成分

分子軌道	電子数	O			C		
		1s	2s	2p	1s	2s	2p
1σ	2	1.00					
2σ	2				1.00		
3σ	2		0.68	0.07		0.14	0.11
4σ	2		0.22	0.55		0.23	
1π	4			0.71			0.29
5σ (HOMO)	2			0.15		0.44	0.41
2π (LUMO)	0			0.29			0.71
6σ	0		0.10	0.23		0.19	0.48

また，**表4.2**に示したCO分子の値は，表4.1の各原子軌道の成分に各分子軌道に存在する電子数を掛けて，原子軌道ごとに和を求めたものである。それらを原子ごと（ここではCとO）に総和をとった値も最下段に示してある。CとOは原子の状態では，それぞれ6個と8個の電子を持っているが，両者が化学結合してCO分子となると，マリケンの軌道成分解析の結果より，CおよびO原子上に，それぞれ5.81，8.19個の電子が存在していることになる。すなわち，0.19個分の電子がCからOに移動して，$C^{0.19+}$と$O^{0.19-}$が結合していると考えることができるのである。

表4.2 CO, H_2O 分子内の原子軌道上の電子数

分 子	CO		H_2O	
原子軌道	C	O	O	H
1s	2.00	2.00	2.00	0.65
2s	1.61	1.80	1.82	—
2p	2.20	4.39	4.88	—
総 和	5.81	8.19	8.70	0.65

もう一つの具体例として，H_2O分子の軌道成分解析の結果を見てみることにしよう[†]。H_2O分子においては，Oの1s軌道が内殻であり，軌道成分解析の結果からも，Oの1sの電子数は2.00となっている。また，OおよびH上の電子数はそれぞれ8.70と0.65個となっており，二つのH原子から0.35個ずつO原子に移動して，二つの$H^{0.35+}$と一つの$O^{0.7-}$が結合していることになっている。ここで，H_2O分子とCO分子におけるO原子上の電子数を比較すると，0.51個分H_2O分子中のOのほうが電子を多く持っていて，その分だけイオン性が強くなっていることを示している。このような解析を通して，化学結合による電子の移動，すなわち化学結合のイオン性もしくは共有性を，定量的に評価することが可能である。

[†] H_2O分子の分子軌道については，分子の対称性を考慮して5章で詳しく述べる。

4章のまとめ

分子の中の電子の状態(波動関数) = **分子軌道関数**
原子軌道関数の一次線形結合で表す（LCAO 近似）

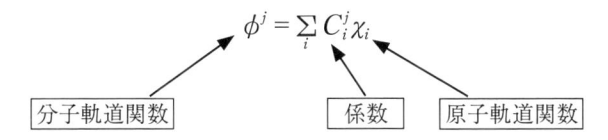

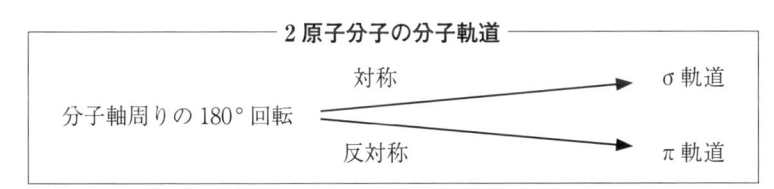

$$\phi^j = \sum_i C_i^j \chi_i$$

（分子軌道関数）　（係数）　（原子軌道関数）

2原子分子の分子軌道

分子軸周りの 180°回転　── 対称 ──→ σ 軌道
　　　　　　　　　　　　└─ 反対称 ─→ π 軌道

結合軌道と反結合軌道

原子核間で波動関数の符号が入れ替わらない → 原子核間の電子密度が大きい（結合が強まる）→ 結合軌道

原子核間で波動関数の符号が入れ替わる → 原子核間の電子密度が減少（結合が弱まる）→ 反結合軌道

マリケンの軌道成分解析　　$\phi = C_A \chi_A + C_B \chi_B$

A 軌道成分　$C_A^2 + C_A C_B S_{AB}$

B 軌道成分　$C_B^2 + C_A C_B S_{AB}$　　$\left(S_{AB} = \int \chi_A \chi_B d\tau\right)$

5. 物質の対称性

　前章までは，孤立系である原子や分子の中の電子の取扱いについて考えてきた。特に，4章では，最も単純な分子である水素分子に加えて，等核2原子分子と異核2原子分子の分子軌道について考えて，その際に，分子の持つ対称性を考えることの重要性について説明した。本章では，まず孤立系である分子の対称性について考え，それに加えて，周期を基本とする結晶の対称性について考えていくことにする。また，本章の最後に，結晶構造を決定するために用いられるX線回折法についても概説する。

5.1 点　　　群

　等核2原子分子を考えたとき，点対称，軸対称，面対称などの対称性が存在することは，容易に想像がつくであろう。ある操作を施したあとに，その操作を施す前とまったく同じ形になる操作のことを**対称操作**（symmetry operation）という。このような分子の持つ対称性について，**群論**（group theory）[†]の考え方に基づいた**点群**（point group）[††]を用いて考えるのが便利である。分子における対称操作は，点群の**対称要素**（symmetry element）であり，以下の四つの基本操作がある。

　1）恒等操作　　元の状態になるように操作することを**恒等操作**（identity operation）という。結果としては，何も動かさないという操作と等価である。

[†] 群論に関する詳しい説明は，本書のレベルを明らかに超えるので，参考文献を参照されたい。
[††] ここでは，シェーンフリース（Schönflies）の表記を用いることにする。

5.1 点　　　群　　67

したがって，すべての分子がこの対称要素を持つことになるので，すべての分子は必ず（少なくとも恒等操作による）対称性を持っていると考えることができる。

2）回転操作　図5.1（a）のように，ある軸の周りに回転させる操作のことを**回転操作**（rotation operation）という。自然数nに対して，$2\pi/n$だけ回転させる操作を施したときに，元と同じ形になるような回転軸（rotation axis）のことを**C_n軸**と呼び，一つの分子に複数の回転軸が存在するときは，最も大きなnの値を代表として用い，その軸を**主軸**（principal axis）と呼ぶ。ただし，最大のnとなる軸が複数存在する場合には，どれか一つを主軸として決めなければならない。ここで，$n=1$の場合は，2π回転したあとに元と同じ形になることを意味するので，恒等操作と等価である。したがって，すべての分子がC_1の対称性を持つことになる。

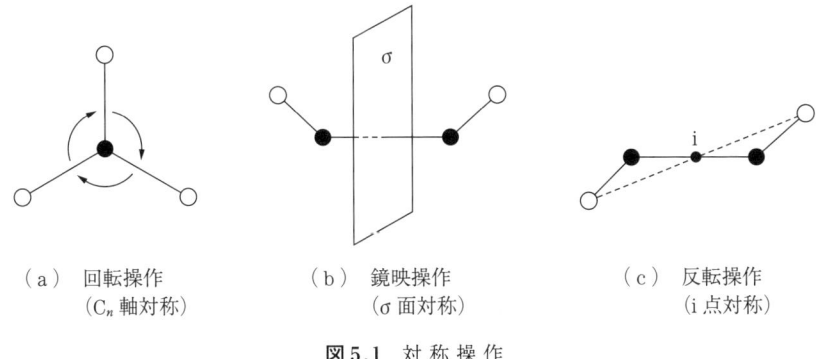

（a）回転操作　　　（b）鏡映操作　　　（c）反転操作
　　（C_n軸対称）　　　　（σ面対称）　　　　（i点対称）

図5.1　対　称　操　作

3）鏡映操作　図（b）のように，ある平面に対して反転させる操作のことを**鏡映操作**（reflection operation）という。この平面のことを**鏡映面**（mirror plane）と呼び，記号σで表す。σに加えてC_n対称操作（$n \geq 2$）が存在する場合には，2種類のσが存在し，回転操作の主軸であるC_n軸を含むσをσ_vで表し，主軸に垂直なσをσ_hで表す。これらの2種類のσが共に存在する場合は，σ_hをより高度な対称性と考える。ここで，添え字のvとhはそれぞれvertical（鉛直）とhorizontal（水平）の頭文字を取ったものである。

4) **反転操作** 図（c）のように，ある点に対して反転させる操作のことを**反転操作**（inversion operation）という。この対称点のことを**反像点**（inversion center）といい，記号 i で表す。

以上の四つの操作が基本的な対称操作であるが，**回映操作**（rotatory reflection operation）という操作も，別に対称操作として分類されている。回映操作とは，2）と3）を組み合わせた操作であり，C_n 回転後に続けて，その C_n に直交する σ_h 鏡映操作を行う操作である。

注目した分子において，これらの対称操作のうち，どの対称操作が存在しているかを判断することによって，その分子が属する点群を決定することができる。以下に，それぞれの点群が持つ対称操作について整理してみよう。

・C_n 点群：C_n 回転操作に関して対称となる点群のことである。C_n に加えて σ_v が存在するときは C_{nv} 点群，σ_h が存在するときは C_{nh} 点群となる。

・D_n 点群：C_n 回転操作に加えて，主軸に直交する C_2 が存在するときが D_n 点群である。D_n に加えて σ_v が存在するとき D_{nd} 点群，σ_h が存在するとき D_{nh} 点群となる。

・C_s 点群：対称操作として鏡映操作 σ だけを持つ点群である。

・C_i 点群：対称操作として反転操作だけを持つ点群である。

・S_n 点群：C_n のあとに σ_h 鏡映操作を施すものが S_n 点群である。n が奇数の場合には C_n 軸と σ_h 面を持つことになるが，それは C_{nh} 点群に分類することにしている。したがって，S_n に属するものは n が偶数の場合に限られる。

・連続群：直線上にすべての原子核が配列する直線分子では，その直線を軸として任意の角度の回転に対して対称，つまり C_∞ 軸が存在する。また，この軸を含んだ σ_v が軸の周りに連続的に無数に存在する。このような対称性を持つものは連続群に属する。直線分子のうち C_∞ 軸上で左右対称にならない分子は $C_{\infty v}$ 点群であり，左右対称の場合は必ず C_∞ 軸に直交する C_2 が存在し，かつ C_∞ 軸に直交する σ_h も存在するので $D_{\infty h}$ 点群になる。

・多面体群：ここでは詳しい説明は割愛するが，特殊な対称性として正多面体の対称性を持つものがあり，正四面体，正八面体，正二十面体対称を考えるこ

とができる。上記の三つの正多面体対称がそれぞれ T_d, O_h, I_h 点群になる。

以上のような点群による対称性の分類を，具体的な分子に当てはめて点群検索を行うには，**図5.2**に示すフローチャートの手順に従えばよい。まず，4章で扱った等核2原子分子や異核2原子分子のように，直線上にすべての原子核が並んだ直線分子（連続群）と，高度な対称性である多面体群は，その構造から判断して除外することにして，それらは個別に点群を決定する。

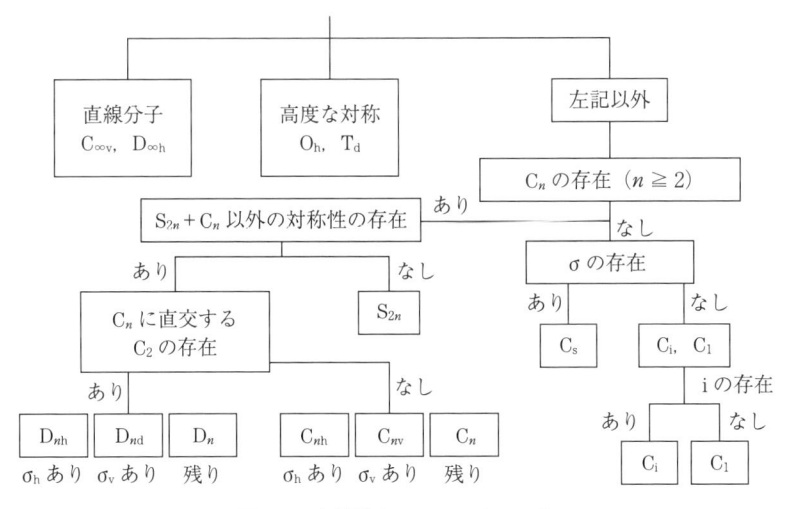

図5.2 点群検索のフローチャート

これら以外の構造の分子については，まず回転操作である C_n $(n \geq 2)$ の存在を探す。C_n $(n \geq 2)$ が存在しない場合は，σ の存在を確認し，あれば C_s 点群に決定し，σ が存在しない場合は，さらに対称心 i の有無により，それぞれ C_i, C_1 点群とする。一方，C_n $(n \geq 2)$ が存在する場合は，回映対称 (S_{2n}) の存在を探し，その対称操作以外が存在しない場合には S_{2n} 点群に決定する。回映操作以外の対称操作が発見できた場合には，C_n に直交する C_2 の存在の有無により，それぞれ C_n もしくは D_n に分類できる。C_n の中で，σ_h, σ_v の鏡映操作が存在する場合は，それぞれ C_{nh}, C_{nv} 点群となり，鏡映操作が存在しない場合が C_n 点群となる。また，C_n に直交する C_2 が存在する D_n の中では，σ_h, σ_v が存在する場合が，それぞれ D_{nh}, D_{nd} 点群であり，C_n と同じく鏡映操作が

存在しない場合には D_n 点群となる。

それでは，上記のような手順に従って，具体的な分子に対してどのような対称操作が存在し，どの点群に属するかをいくつかの例を挙げて調べてみることにしよう。

例1) 水（H_2O）分子　H_2O 分子の構造は，**図 5.3** に示すように，同一平面内に O 原子が一つと H 原子が二つ存在する。図 5.2 に示した手順に従って，H_2O 分子がどの点群に属するかを考えてみよう。H_2O 分子の形から，直線分子および高度な対称性を持つ多面体群には属さないと判断できるので，まず，回転軸の存在について見てみると，図に示したように，C_2 軸（z 軸）が存在する。また，三つの原子核が存在する平面（yz 面）およびそれに垂直な平面（xz 面）に関して鏡映操作が存在する。これら二つの鏡映面は主軸である C_2 軸を含むので σ_v である。また，それに直交する xz 面も鏡映面である（σ'_v とする）。したがって，H_2O 分子には C_2 軸に加えて σ_v が存在するので，H_2O 分子は C_{2v} 点群に属することになる。

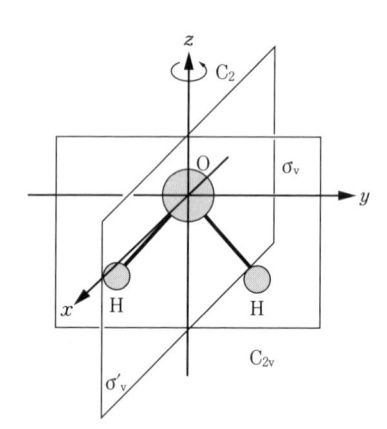

図 5.3　H_2O 分子の対称操作

例2) エチレン（C_2H_4）分子　エチレン分子の構造は，**図 5.4** に示すように，すべての原子核が同一平面（xy 面）上に存在する。エチレン分子における対称操作は，図に示したように，二つの C 原子を通る y 軸が C_2 軸（主軸とする），それに直交する x，z 軸が共に C_2 軸であり，また，すべての原子核

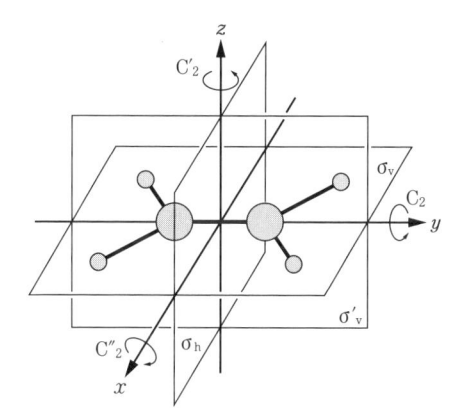

図 5.4 C$_2$H$_4$ 分子の対称操作

を含む鏡映面 σ$_v$（xy 面）と σ$'_v$（yz 面），および主軸（y 軸）に直交する鏡映面 σ$_h$（xz 面）が存在する。これらの対称操作を図 5.2 の手順に従って整理すると，主軸である C$_2$ 軸に直交する C$_2$ 軸が存在することから D$_2$ 点群に属し，さらに主軸に直交する鏡映面 σ$_h$ が存在することから，エチレン分子の点群は D$_{2h}$ と決定できる。

例 3） 多面体群の分子　正四面体の形を取っているものが T$_d$ 点群，正八面体の形をとっているものが O$_h$ 点群に属する。具体的な例としては，**図 5.5**（a）に示すように，T$_d$ 点群としてメタン（CH$_4$）分子があり，また，図（b）

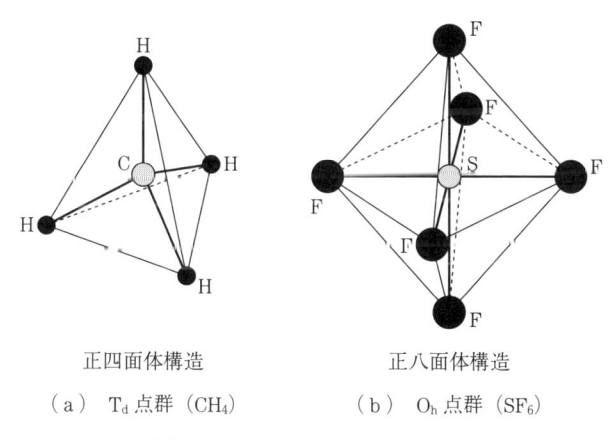

（a）正四面体構造　T$_d$ 点群（CH$_4$）

（b）正八面体構造　O$_h$ 点群（SF$_6$）

図 5.5　CH$_4$ と SF$_6$ 分子の分子構造

に示すように，O_h 点群として六フッ化硫黄（SF_6）分子がある．

5.2 対称性を用いた分子の波動関数

4章において，等核および異核2原子分子の電子状態について，その分子の持つ対称性を考慮することによって，σ軌道とπ軌道を定義し，それぞれの軌道の持つ性質について考えた．ここでは，群論における**既約表現**（irreducible representation）を用いて，一般的な分子構造を持つ分子の波動関数の対称性について考えることにする．

　主量子数，方位量子数，磁気量子数，スピン量子数を用いることにより，原子の中の電子には，一つずつそれぞれに名前をつけて分類することができた．同様に，等核2原子分子においても，σおよびπ軌道にエネルギー準位が深いほうから順に数字を振り，またスピン量子数を考えることによって，すべての電子に名前をつけて分類することができた．さらに，これらの直線分子以外の分子構造を持つ分子についても，既約表現を用いることで，それらの分子の中の電子にそれぞれ名前をつけて分類することが可能である．既約表現に関する詳細ついては，群論を理解する必要があるので，ここでは，具体的な点群において，どのような既約表現を持つ対称性が許されるかについて述べるにとどめることにする．

　それぞれの分子の対称性を表す点群には，**表5.1**に示すような既約表現が対応する．既約表現において，Aは主軸の回転操作に対して対称となるものであり，Bは反対称，そしてEとTはそれぞれ2重，3重に縮退しているものを表す．また，これらに加えて，添え字やプライム（'）などを付けることによって，さらに対称性が細分される．例えば，添え字の数字（1,2）は，主軸に対して垂直な C_2 回転軸が存在するとき，その C_2 操作に対して対称となるものに1，反対称となるものに2を付け，その C_2 が存在しない場合には，σ_v に対して対称なものに1，反対称となるものに2を付ける．また，σ_h が存在する場合には，その σ_h に対して対称であればプライム（'）を，反対称であればダブル

5.2 対称性を用いた分子の波動関数

表 5.1 32 の結晶点群[†]の既約表現とヘルマン-モーガン（Hermann-Mauguin：H-M）記号

No.	点群	H-M 記号	既約表現
1	C_1	1	A
2	C_2	2	A, B
3	C_3	3	A, E
4	C_4	4	A, B, E
5	C_6	6	A, B, E_1, E_2
6	C_i	$\bar{1}$	A_g, A_u
7	C_s	$\bar{2}$ または m	A', A''
8	S_6	$\bar{3}$	A_g, E_g, A_u, E_u
9	S_4	$\bar{4}$	A, B, E
10	C_{3h}	$\bar{6}$ または 3/m	A', E', A'', E''
11	D_2	222	A, B_1, B_2, B_3
12	D_3	32	A_1, A_2, E
13	D_4	422	A_1, A_2, B_1, B_2, E
14	D_6	622	A_1, A_2, B_1, B_2, E_1, E_2
15	T	23	A, E, T
16	O	432	A_1, A_2, E, T_1, T_2
17	C_{2h}	2/m	A_g, B_g, A_u, B_u
18	C_{4h}	4/m	A_g, B_g, E_g, A_u, B_u, E_u
19	D_{6h}	6/m	A_{1g}, A_{2g}, B_{1g}, B_{2g}, E_{1g}, E_{2g}, A_{1u}, A_{2u}, B_{1u}, B_{2u}, E_{1u}, E_{2u}
20	C_{2v}	mm2	A_1, A_2, B_1, B_2
21	C_{3v}	3m	A_1, A_2, E
22	C_{4v}	4mm	A_1, A_2, B_1, B_2, E
23	C_{6v}	6mm	A_1, A_2, B_1, B_2, E_1, E_2
24	D_{2h}	mmm	A_g, B_{1g}, B_{2g}, B_{3g}, A_u, B_{1u}, B_{2u}, B_{3u}
25	D_{3h}	6m2	A_1', A_2', E', A_1'', A_2'', E''
26	D_{4h}	4/mmm	A_{1g}, A_{2g}, B_{1g}, B_{2g}, E_g, A_{1u}, A_{2u}, B_{1u}, B_{2u}, E_u
27	D_{6h}	6/mmm	A_{1g}, A_{2g}, B_{1g}, B_{2g}, E_{1g}, E_{2g}, A_{1u}, A_{2u}, B_{1u}, B_{2u}, E_{1u}, E_{2u}
28	D_{2d}	$\bar{4}$2m	A_1, A_2, B_1, B_2, E
29	D_{3d}	$\bar{3}$m	A_{1g}, A_{2g}, E_g, A_{1u}, A_{2u}, E_u
30	T_h	m3	A_g, E_g, T_g, A_u, E_u, T_u
31	T_d	$\bar{4}$3m	A_1, A_2, E, T_1, T_2
32	O_h	m3m	A_{1g}, A_{2g}, E_g, T_{1g}, T_{2g}, A_{1u}, A_{2u}, E_u, T_{1u}, T_{2u}

注：$C_{\infty v}$, $D_{\infty h}$, I, I_h などは結晶点群ではない。

[†] 点群の数は無数に存在しうるが，結晶中に存在しうる点群は32種類であり，これを**結晶点群**と呼ぶ。

プライム(″)を付ける。さらに，反像点(i)がある場合には，それに対して対称であればgを，反対称であればuを付ける[†]。

このようにして，それぞれの分子の持つ対称性を，点群を用いて分類したのち，既約表現を用いて波動関数の対称性を分類することが可能となる。そして，既約表現の記号を用いて，各分子軌道の名前を付けることができるのである。分子軌道の名称には，これらの既約表現を小文字にして用いる。

それでは，上記の既約表現を用いて分子軌道の持つ対称性を考える方法について，H_2O分子を例に取り上げて説明することにしよう。前節で述べたとおり，H_2O分子はC_{2v}点群に属し，図5.3に示したように，H_2O分子には，恒等操作に加えて，C_2回転操作と，C_2軸と三つの原子核を含む面σ_v(図中のyz平面)と，それに垂直な面σ'_v(図中のxz平面)による鏡映操作の対称操作が存在する。C_{2v}対称においては，表5.1に示したように，既約表現A_1, A_2, B_1, B_2が存在するので，それらを用いて分子軌道はa_1, a_2, b_1, b_2に分類することができる。それぞれの既約表現ごとに，エネルギーが低いほうから順に，はじめに$1, 2, 3, \cdots$と数字をつけてそれぞれの分子軌道を表す。

まず，H_2O分子のエネルギー準位を見てみよう(図5.6)。H_2O分子内には，合計10個の電子が存在するが，Oの1s軌道は内殻であり，化学結合には直接

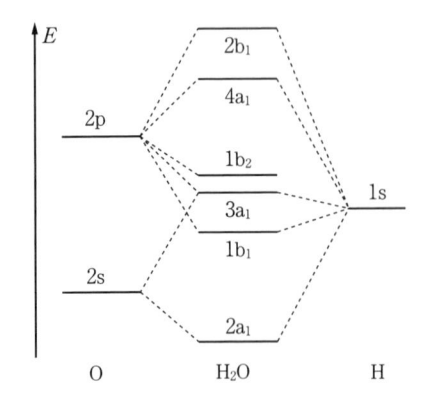

図5.6 H_2O分子のエネルギー準位

[†] gとuはドイツ語で対称と反対称を意味するgeradeとungeradeの頭文字をとったものである。

5.2 対称性を用いた分子の波動関数   75

関与しないので，8個の電子が化学結合に関与する分子軌道に存在する。

　エネルギー準位図に示した，それぞれの分子軌道の形状を，三つの原子核が存在する面上での等高線図（**図 5.7**）で見てみよう。エネルギー準位の深いほうから見ると，$2a_1$ 軌道から始まっている。O の 1s 軌道は内殻で，このエネルギー準位図には示していないが，$1a_1$ 軌道は O の 1s 軌道の成分が 1 である分子軌道となっている。言い換えれば，$1a_1$ 軌道を LCAO 近似によって表すとき，O の 1s 軌道の係数が 1 で，それ以外の係数が 0 となっている。

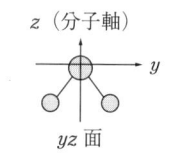

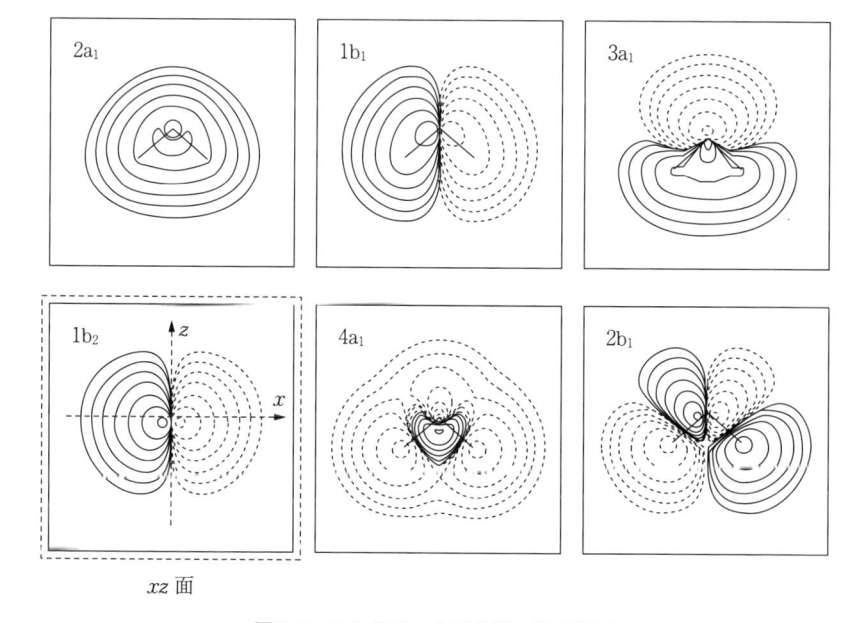

図 5.7　H_2O 分子の分子軌道の等高線図

　図 5.6 に示した中で，最も深い準位である $2a_1$ 軌道は，O の 2s と H の 1s 軌道との相互作用によって形成されている。また，この軌道の等高線図（図 5.7）を見てみると a_1 軌道の特性，すなわち，既約表現 A が表すところの主軸

(H_2O 分子では C_2 軸 = z 軸)の回転に関して対称であり,かつ,添え字の 1 が表すところの σ_v(yz 面)に関して対称であることを満たしている。続いて,つぎに深い準位である $1b_1$ 軌道を見てみよう。この軌道の形状は左右対称ではあるが,符号が反転していることがすぐに見て取れるだろう。これを,$2a_1$ 軌道と同様に,既約表現に基づく解釈をしてみよう。b_1 のうち既約表現 B が表すところの主軸の回転に関して反対称,すなわち形状は同じであるが符号が反転しており,かつ添え字の 1 が表すところの σ_v に関して対称であることを満たしている。これら二つの軌道よりもエネルギーが高い軌道は,$1b_2$ を除いて a_1 もしくは,b_1 になっているので,それぞれ読者が確認されたい。

残された $1b_2$ 軌道について,上記の $2a_1$, $1b_1$ 軌道と同様に考えてみよう。図中にも示したが,この軌道のみ yz 平面ではなく xz 平面すなわち σ'_v 上での等高線図である。b_2 軌道において,既約表現 B が示すのは,上記の b_1 軌道と同様に,主軸の回転操作に関して反対称であり,添え字の 2 は σ_v すなわち yz 平面に関する鏡映操作に対して反対称であることを示している。ここで,この図は xz 平面すなわち σ'_v に関しては対称であるが,あくまではじめに決めた一つの σ_v(ここでは yz 平面)を基準にして考えるために,σ_v に反対称であると判定することになる。また,$1b_2$ 軌道はエネルギー準位図にも示したとおり,O の 2p 軌道成分のみであり,H の 1s 軌道の成分がない分子軌道である。$1b_2$ 軌道の波動関数の形状を見てもわかるとおり,$1b_2$ 軌道は水素原子が存在する yz 平面には分布せず,水素原子が存在しない xz 平面に分布しており,O 原子上での孤立電子対に相当している。

5.3 結晶の対称性

ここまでは,孤立系である分子の対称性を考えるのに有用な点群の考え方について記し,分子の対称性と波動関数の対称性との関係を考えてきた。ここからは,固体の対称性について考えてみることにしよう。ここでいう『固体』とは,『結晶としての固体』であり,また,『結晶』とは『原子が周期的に規則配

列したもの』である.したがって,三次元で結晶を考える場合には,三次元で周期性が保たれていることが前提となる.結晶の対称性を考えるには,前述の点群に加えて,**格子**(lattice),**結晶系**(crystal system),**ブラベー格子**(Bravais lattice),**空間群**(space group)などの考え方を用いるのが便利である.本節では,結晶の対称性の考え方の基本となる上記の格子,結晶系,ブラベー格子,空間群について説明する.

結晶においては,原子は規則的に配列しており,周期性を持つことが基本となっている.結晶の対称性を考える上で,最も基本的な概念が格子と**基本構造**(basis)であり,それらを組み合わせることで,結晶中の原子の配列,すなわち**結晶構造**(crystal structure)を表すことができる.これらそれぞれについて以下に説明していくことにしよう.

まず,格子とは無限に存在する**格子点**(lattice point)の配列のことであり,各格子点の環境はすべて同じになっている.三次元において,格子は三つの基本並進ベクトル a, b, c を用いて

$$t = m_1 a + m_2 b + m_3 c \tag{5.1}$$

で表すことができる.ただし,m_1, m_2, m_3 は整数である.この基本並進ベクトルを用いることにより,すべての格子点を表すことができる.

図5.8に二次元格子の一例を示す.この図に示した各点が格子点を表している.このように格子点を描くと,その点上に結晶中の原子が存在しているものと誤解するかもしれないが,必ずしも格子点上に原子が存在している必要はないことに注意されたい.結晶における格子とは,原子を埋め込む枠組みに相当するものである.また,この図中に,実線で囲んだ部分にPの文字が書か

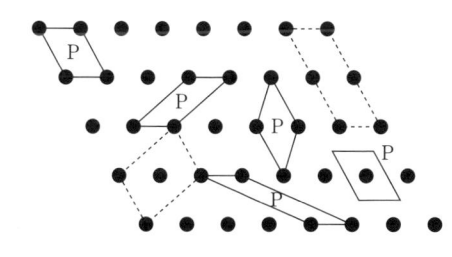

図5.8 二次元格子における基本単位格子(P)

れている領域が示してあるが，それぞれが**基本単位格子**（primitive unit cell）と呼ばれるものであり，格子点を一つだけ含み，これらの基本単位格子を格子間隔の整数倍だけ平行移動することによって，すべての格子点を表すことができる。ここで，必ずしも基本単位格子の角（頂点）に格子点がくる必要はなく，格子点が角にこない場合（例えば，図中右下に示したもの）でも，それを平行移動したものですべての空間を埋めつくすことができるように，基本単位格子をとることもできる。

また，破線で示された領域も図中に二つあるが，これらには二つ以上の格子点が含まれているため，基本単位格子ではない。ただし，これらを平行移動しても，すべての格子を埋めつくすことができる。このように，二つ以上の格子点を含むものを単に**単位格子**（unit cell）と呼ぶ。図5.8では，いくつかの基本単位格子を示したが，すべての基本単位格子の面積（三次元の場合は体積）が等しくなっていることにも注意されたい。

各格子点を中心にとって，すべての領域を埋めつくすように，格子点一つずつを含む領域に分割したものを**ウィグナー–ザイツ**（Wigner-Seitz）**セル**という。図5.8に示した二次元格子に対するウィグナー–ザイツセルを**図5.9**に示す（斜線で囲まれた領域）。二次元の場合には，各格子点を結ぶ線分の垂直二等分線を，注目する格子点とすべての格子点との間で取り，それによって囲まれる最小の領域がウィグナー–ザイツセルになる。三次元の場合には，垂直二等分面で囲まれる最小の領域を考えればよい。

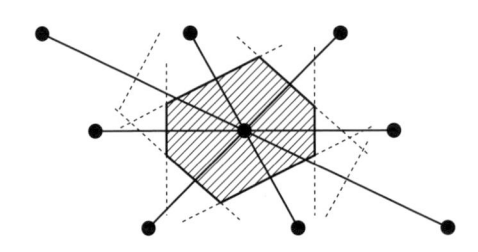

図5.9 二次元ウィグナー–ザイツセル

つぎに，基本構造について説明しよう。**基本構造**とは，それぞれの基本格子の中に，どのような原子が存在し，またどの位置を占めるかを表すものであ

る。前述のとおり，格子点上には必ずしも原子が存在するわけではないのでここでも再度注意されたい。図5.10に格子，基本構造，結晶構造の関係を示した。黒色の丸（●）が格子点を，白色の丸（○）と灰色の丸（◎）がそれぞれ原子AとBの位置，すなわち基本構造を表している。このように，格子と基本構造を考えることによって，結晶構造を決定することが可能となるのである。

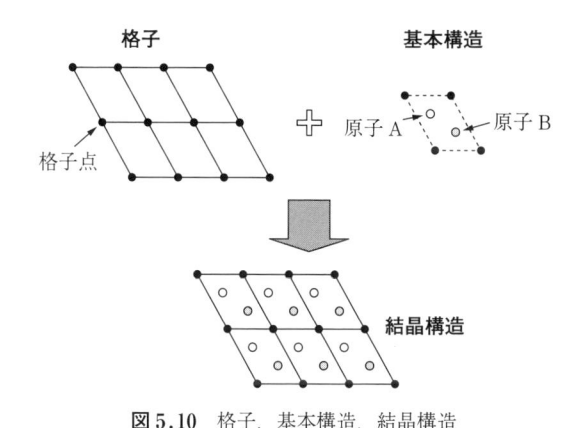

図5.10 格子，基本構造，結晶構造

それでは，三次元空間における単位格子の形状について，対称性をもとに整理することにしよう。まず，単位格子の形は，各軸間の角度（α, β, γ）と各軸の長さ（a, b, c）の制約によって，表5.2に示す7種類に分類することができ，これらを結晶系と呼ぶ。

これらの7種類の結晶系に，さらに格子点を追加することによって，新たに

表5.2 結晶系の分類

結晶系	条件
三斜晶	$a \neq b \neq c$, $\alpha \neq \beta \neq \gamma$
単斜晶	$a \neq b \neq c$, $\alpha = \beta = 90° \neq \gamma$
斜方晶	$a \neq b \neq c$, $\alpha = \beta = \gamma = 90°$
正方晶	$a = b \neq c$, $\alpha = \beta = \gamma = 90°$
立方晶	$a = b = c$, $\alpha = \beta = \gamma = 90°$
三方晶（菱面体晶）	$a = b = c$, $\alpha = \beta = \gamma < 90°$
六方晶	$a = b \neq c$, $\alpha = \beta = 90°$, $\gamma = 120°$

7種類の格子を作ることができる。上記の7種類の格子に，この7種類の格子を加えた計14種類の格子をブラベー格子という。新たに加える格子点は，軸ベクトルである a, b, c を用いて，以下の4種類を考える。

1) I：体心　　　　　　　　$(a/2+b/2+c/2)$
2) F：面心　　　　　　　　$(a/2+b/2)$, $(a/2+c/2)$, $(b/2+c/2)$
3) A, B, C：側心，底心　　$(b/2+c/2)$ または $(a/2+c/2)$ または $(a/2+b/2)$
4) R：菱面体　　　　　　　$(2a/3+b/3+c/3)$, $(a/3+2b/3+2c/3)$

これらの14種類のブラベー格子を図5.11に示す。ここで，7種類の結晶系にそれぞれ新たに4種類の格子点を加えているが，それによって新しい格子ができているものと，そうでないものがある。例えば，三斜晶に新しい格子点を

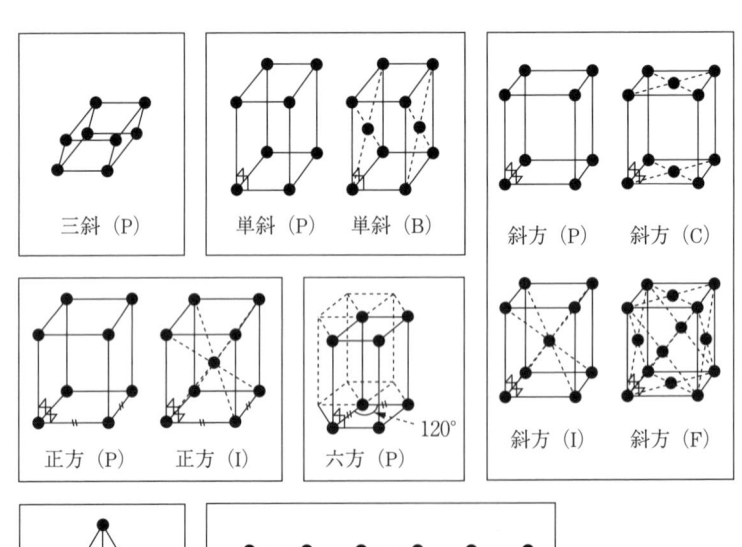

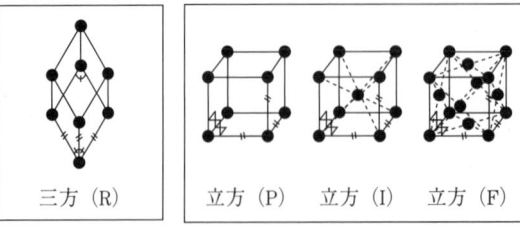

図5.11　14種類のブラベー格子

加えても，新たな格子はできていないが，斜方晶では新たな格子が3種類できている。これは，三斜晶では，新たな格子点を加えても，再度異なる三斜晶の格子を取り直すことができるためである。

このように，新たな格子点を加えたときに，他の格子と等価になってしまう例として，正方晶の面心（F）と体心（I）のブラベー格子の場合を考えてみよう。**図5.12**に示すように，単純正方の面心位置に，新たに格子点を加えた場合，格子の取り方を太線で示すように取り直すと，正方晶の体心（I）として格子を取り直すことができる。したがって，正方晶では，面心（F）と体心（I）は等価になってしまうので，体心（I）を代表として取ることとしている。

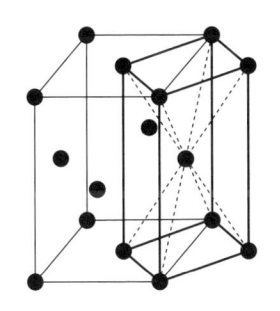

図5.12 正方晶の面心（細線）と体心（太線）ブラベー格子

他の結晶系においても，同様の理由で格子点を加えても，新しい格子ができず，図5.11に示した14種類だけが残り，それらが14のブラベー格子である。これらの14種類は，単純（P），底心または側心（A, B, C），面心（F），体心（I），菱面体（R）に分類することができる。

これまでに考えてきた結晶としての固体に対する対称性の考え方は，7種類の結晶系，14個のブラベー格子，32種類の結晶点群である。さらに，これらを組み合わせることによって，**空間群**（space group）という概念を導入することができ，結晶の対称性を系統的に分類することが可能である。三次元の空間群は**表5.3**のように230種類に分類され，そのうち格子と点群の組合せ[†]だけによって，73種類の空間群を定義することができる。それらを**シンモルフィック**（symmorphic）**な空間群**と呼ぶ。

[†] 単位格子長の整数倍の並進操作を含む。

表5.3 230種類の空間群

No.	空間群	結晶系	No.	空間群	結晶系
1	$P1$	三斜晶	38	$Amm2$	斜方晶
2	$P\bar{1}$	triclinic	39	$Abm2$	orthorhombic
3	$P2$	単斜晶	40	$Ama2$	
4	$P2_1$	monoclinic	41	$Aba2$	
5	$C2$		42	$Fmm2$	
6	Pm		43	$Fdd2$	
7	Pc		44	$Imm2$	
8	Cm		45	$Iba2$	
9	Cc		46	$Ima2$	
10	$P2/m$		47	$Pmmm$	
11	$P2_1/m$		48	$Pnnn$	
12	$C2/m$		49	$Pccm$	
13	$P2/c$		50	$Pban$	
14	$P2_1/c$		51	$Pmma$	
15	$C2/c$		52	$Pnna$	
16	$P222$	斜方晶	53	$Pmna$	
17	$P222_1$	orthorhombic	54	$Pcca$	
18	$P2_12_12$		55	$Pbam$	
19	$P2_12_12_1$		56	$Pccn$	
20	$C222_1$		57	$Pbcm$	
21	$C222$		58	$Pnnm$	
22	$F222$		59	$Pmmm$	
23	$I222$		60	$Pbcn$	
24	$I2_12_12_1$		61	$Pbca$	
25	$Pmm2$		62	$Pnma$	
26	$Pmc2_1$		63	$Cmcm$	
27	$Pcc2$		64	$Cmca$	
28	$Pma2$		65	$Cmmm$	
29	$Pca2_1$		66	$Cccm$	
30	$Pnc2$		67	$Cmma$	
31	$Pmn2_1$		68	$Ccca$	
32	$Pba2$		69	$Fmmm$	
33	$Pna2_1$		70	$Fddd$	
34	$Pnn2$		71	$Immm$	
35	$Cmm2$		72	$Ibam$	
36	$Cmc2_1$		73	$Ibca$	
37	$Ccc2$		74	$Imma$	

5.3 結晶の対称性

表 5.3 (つづき)

No.	空間群	結晶系	No.	空間群	結晶系
75	$P4$	正方晶	114	$P\bar{4}2_1c$	正方晶
76	$P4_1$	tetragonal	115	$P\bar{4}m2$	tetragonal
77	$P4_2$		116	$P\bar{4}c2$	
78	$P4_3$		117	$P\bar{4}b2$	
79	$I4$		118	$P\bar{4}n2$	
80	$I4_1$		119	$I\bar{4}m2$	
81	$P\bar{4}$		120	$I\bar{4}c2$	
82	$I\bar{4}$		121	$I\bar{4}2m$	
83	$P4/m$		122	$I\bar{4}2d$	
84	$P4_2/m$		123	$P4/mmm$	
85	$P4/n$		124	$P4/mcc$	
86	$P4_2/n$		125	$P4/nbm$	
87	$I4/m$		126	$P4/nnc$	
88	$I4_1/a$		127	$P4/mbm$	
89	$P422$		128	$P4/mnc$	
90	$P42_12$		129	$P4/nmm$	
91	$P4_122$		130	$P4/ncc$	
92	$P4_12_12$		131	$P4_2/mmc$	
93	$P4_222$		132	$P4_2/mcm$	
94	$P4_22_12$		133	$P4_2/nbc$	
95	$P4_322$		134	$P4_2/nnm$	
96	$P4_32_12$		135	$P4_2/mbc$	
97	$I422$		136	$P4_2/mnm$	
98	$I4_122$		137	$P4_2/nmc$	
99	$P4mm$		138	$P4_2/ncm$	
100	$P4bm$		139	$I4/mmm$	
101	$P4_2cm$		140	$I4/mcm$	
102	$P4_2nm$		141	$I4_1/amd$	
103	$P4cc$		142	$I4_1/acd$	
104	$P4nc$		143	$P3$	三方晶 (菱面体晶)
105	$P4_2mc$		144	$P3_1$	trigonal (rhombohedral)
106	$P4_2bc$		145	$P3_2$	
107	$I4mm$		146	$R3$	
108	$I4cm$		147	$P\bar{3}$	
109	$I4_1md$		148	$R\bar{3}$	
110	$I4_1cd$		149	$P312$	
111	$P\bar{4}2m$		150	$P321$	
112	$P\bar{4}2c$		151	$P3_112$	
113	$P\bar{4}2_1m$		152	$P3_121$	

表5.3 （つづき）

No.	空間群	結晶系	No.	空間群	結晶系
153	$P3_212$	三方晶（菱面体晶）	192	$P6/mcc$	六方晶
154	$P3_221$	trigonal（rhombohedral）	193	$P6_3/mcm$	hexagonal
155	$R32$		194	$P6_3/mmc$	
156	$P3m1$		195	$P23$	立方晶
157	$P31m$		196	$F23$	cubic
158	$P3c1$		197	$I23$	
159	$P31c$		198	$P2_13$	
160	$R3m$		199	$F2_13$	
161	$R3c$		200	$Pm\bar{3}$	
162	$P\bar{3}1m$		201	$Pn\bar{3}$	
163	$P\bar{3}1c$		202	$Fm\bar{3}$	
164	$P\bar{3}m1$		203	$Fd\bar{3}$	
165	$P\bar{3}c1$		204	$Im\bar{3}$	
166	$P\bar{3}m$		205	$Pa\bar{3}$	
167	$R\bar{3}c$		206	$Ia3$	
168	$P6$	六方晶	207	$P432$	
169	$P6_1$	hexagonal	208	$P4_232$	
170	$P6_5$		209	$F432$	
171	$P6_2$		210	$F4_132$	
172	$P6_4$		211	$I432$	
173	$P6_3$		212	$P4_332$	
174	$P\bar{6}$		213	$P4_132$	
175	$P6/m$		214	$I4_132$	
176	$P6_3/m$		215	$P\bar{4}3m$	
177	$P622$		216	$F\bar{4}3m$	
178	$P6_122$		217	$I\bar{4}3m$	
179	$P6_522$		218	$P\bar{4}3n$	
180	$P6_222$		219	$F\bar{4}3c$	
181	$P6_422$		220	$I\bar{4}3d$	
182	$P6_322$		221	$Pm\bar{3}m$	
183	$P6mm$		222	$Pn\bar{3}n$	
184	$P6cc$		223	$Pm\bar{3}n$	
185	$P6_3cm$		224	$Pn\bar{3}m$	
186	$P6_3mc$		225	$Fm\bar{3}m$	
187	$P\bar{6}m2$		226	$Fm\bar{3}c$	
188	$P\bar{6}c2$		227	$Fd\bar{3}m$	
189	$P\bar{6}2m$		228	$Fd3c$	
190	$P\bar{6}2c$		229	$Im\bar{3}m$	
191	$P6/mmm$		230	$Ia\bar{3}d$	

一方，点群と格子の組合せに加えて，単位格子長の $1/n$（n は整数）だけ平行移動させる，すなわち $1/n$ の**並進操作**を許したものを**シンモルフィックでない（ノンシンモルフィック**（nonsymmorphic）**な）空間群**といい，157 種類ある。シンモルフィックでない空間群においては，シンモルフィックな空間群における操作に加えて，**らせん操作**，**グライド（映進）操作**という対称操作が存在する。ここで，らせん操作とは，C_n 回転操作を行ったのち，引き続いて $1/n$ の並進操作を行うことである。また，グライド操作は並進操作と鏡映操作を組み合わせた操作である。グライド操作には，**軸グライド操作**，**対角グライド操作**，**ダイヤモンドグライド操作**の3種類の操作がある。

軸グライド操作とは，a，b，c 軸方向に対して，いずれか1方向に $1/2$ 並進操作を行い，引き続いてその並進移動した方向の軸を含む鏡映面に対して鏡映操作を行うものである。この鏡映面のことを**グライド（映進）面**と呼ぶ。対角グライド操作とは，$(a+b)/2$，$(b+c)/2$ または $(c+a)/2$ の並進操作に引き続いて，鏡映操作を行うことである。最後に，ダイヤモンドグライド操作とは，立方晶，正方晶および斜方晶に存在し得るものであり，$(a+b)/4$，$(b+c)/4$，$(c+a)/4$ または $(a+b+c)/4$ という並進操作に引き続いて，鏡映操作を行うものである。らせん操作，グライド操作は，共に2種類の操作を組み合わせる複合操作である。

空間群の表記は，国際記号（ヘルマン-モーガン記号）を用いて $\Lambda_{\alpha\beta\gamma}$ の形で表される。Λ はブラベー格子の種類を表し，P, A, B, C, I, F, R のいずれかになる。それに続く α, β, γ は，シンモルフィックな場合は結晶点群を表す（表5.1参照）。ノンシンモルフィックな場合は，結晶点群そのままではなく，ノンシンモルフィックであることを加えた形で表される。

それでは，**格子方向**（lattice direction）について説明することにしよう。一つの格子点から他の格子点の方向を表すものが格子方向であり，三次元の場合には，位置ベクトルを表す方法と基本的に同じであるが，角括弧を用いて $[u\,v\,w]$ の形で表す。ここで，u, v, w は整数である必要はなく，分数を用いてもよい。

例えば，[1 2 1]，[2 4 2]，[1/2 1 1/2] は，すべて同じ格子方向を表す．一般的には，最も小さい整数の組で表すことが多く，この例の場合であれば，特別な理由がない限り，[1 2 1] と表すのが普通である．また，負の方向を表す場合には上に「-」をつけて，例えば [1 $\bar{2}$ 1] などと表す．具体的な格子方向指数の表し方の例を**図 5.13** に示したので，それぞれ確認されたい．

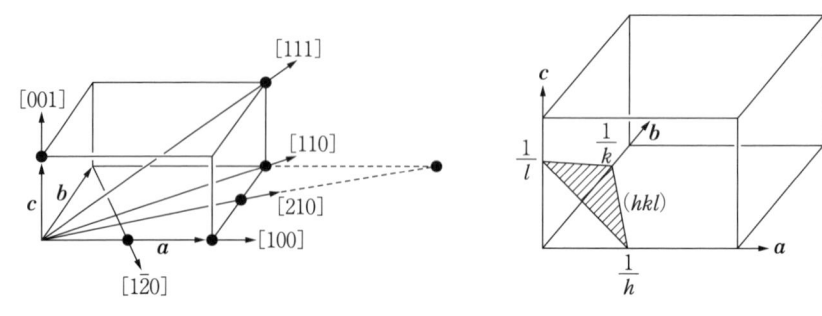

図 5.13 格子方向指数の表し方

図 5.14 ミラー指数

つぎに，**格子面**（lattice plane）について考えよう．格子面には，ミラー（W.H. Miller，1801-1880）が整理した表現法が広く用いられている．**図 5.14** に示すように，格子面は各格子軸の $1/h$，$1/k$，$1/l$ を通る面を表しており，h，k，l のことを**ミラー指数**といい，格子面を $(h\,k\,l)$ と表す．

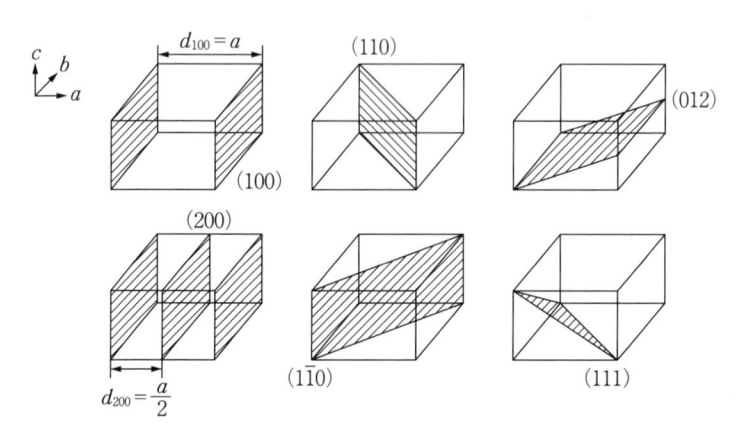

図 5.15 格子面の例

具体的なミラー指数を，いくつかの格子面を例として図 5.15 に示す。また，各格子面の間隔 (d_{hkl}) は，h, k, l の値がそれぞれ整数倍となった場合，すなわち ($h\ k\ l$) に対して ($nh\ nk\ nl$) となったときには，格子面の間隔は $1/n$ となる。図に (100) と (200) の間隔をそれぞれ d_{100} と d_{200} で表してあるが，d_{100} と d_{200} がそれぞれ a と $a/2$ になっていることが，この図からもわかるであろう。図では，単位格子の格子面だけを示しているが，結晶ではこの単位格子が周期的に配列しているので，この図中に示された面がすべてではないことに注意されたい。また，これらの格子面上に，必ずしも原子が存在する必要がないことにも注意が必要であろう。

ところで，六方晶においては図 5.11 に実線で示したような格子をとった場合には，格子面を表すのには不便である。そこで，六方晶に対してのみ，格子面を四つの指数を用いて ($u\ v\ t\ w$) の形で表す場合がある。図 5.16（a）に示すように，六方晶の格子に対して，a_1, a_2, a_3, c の計 4 本の軸をとり，それらの軸に対して，他のミラー指数と同じ方法で格子面を表す。具体的な例として，六方晶のいくつかの格子面を図（b）に示すので，各自で確認されたい。

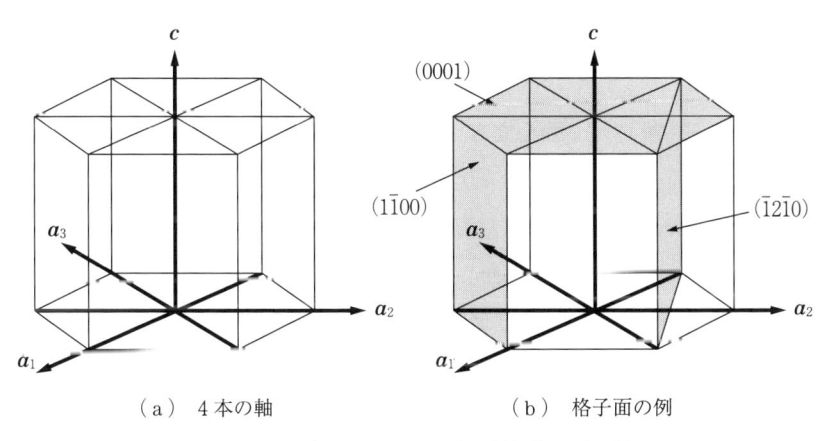

（a） 4本の軸 （b） 格子面の例

図 5.16 六方晶における 4 本の軸と格子面の例

5.4 代表的な結晶構造

本節では，代表的な結晶構造を紹介していくことにしよう．

1) 体心立方構造　**体心立方**（body centered cubic）**構造**では，図 5.17 に示すように，体心立方格子の格子点上に原子が存在する．この構造は，体心立方構造の英文表記の頭文字をとって，**bcc 構造**とも呼ばれる．多くの単体が常温，常圧下において bcc 構造をとり，代表的なものに，アルカリ金属（Li, Na, K, Rb, Cs）などがある．体心立方構造は空間群 $Im\bar{3}m$ に属する．

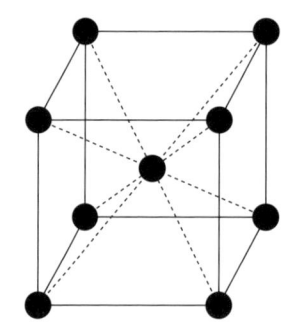

図 5.17　体心立方（bcc）構造 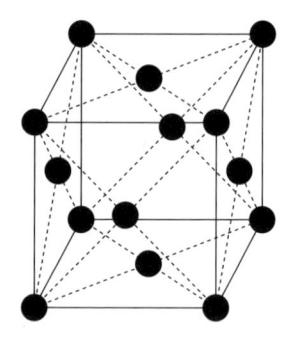　　図 5.18　面心立方（fcc）構造

2) 面心立方構造　**面心立方**（face centered cubic）**構造**では，図 5.18 に示すように，面心立方格子の格子点上に原子が存在する．bcc 構造と同様に，英文表記から **fcc 構造**とも呼ばれる．アルミニウム（Al），金（Au），白金（Pt）などの単体が fcc 構造である．面心立方構造は空間群 $Fm\bar{3}m$ に属する．

3) 六方最密構造　**六方最密**（hexagonal closest packed）**構造**は，図 5.19 に示すように，六方晶系に属し，bcc，fcc 構造と同様に，**hcp 構造**とも呼ばれる．最密充填となるように原子の層を A, B, A, B, … と積層させた結晶構造である．

図 5.18 と 5.19 を比べると，hcp と fcc 構造はまったく異なるように見えるが，fcc 構造は，**図 5.20**（a）のように，[111] 方向に A, B, C, A, B, C と

5.4 代表的な結晶構造

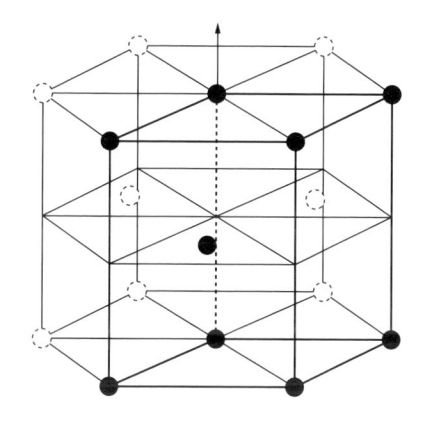

図 5.19 六方最密（hcp）構造

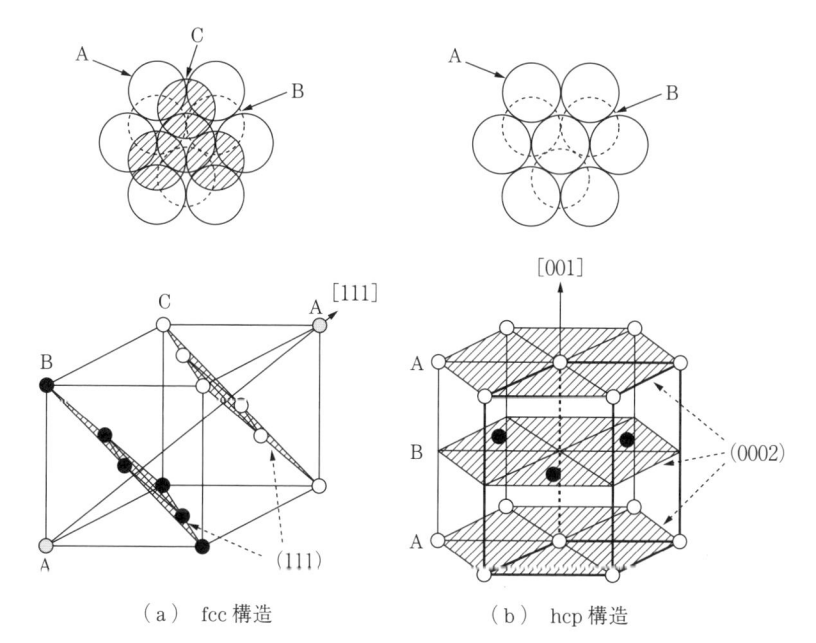

（a） fcc 構造 　　　　　　　　（b） hcp 構造

図 5.20 面心立方（fcc）構造と六方最密（hcp）構造の比較

積層させたもので，図 (b) の hcp 構造と非常に近い結晶構造である。hcp 構造を持つ代表的なものにチタン（Ti），亜鉛（Zn）などがある。六方最密構造は空間群 $P6_3/\mathrm{mmc}$ に属する。

4） ダイヤモンド構造　　**ダイヤモンド**（diamond）**構造**とは，その名が示

すとおりダイヤモンドがこの結晶構造をとることから命名されている。ダイヤモンド構造は，図 5.21 に示すように，$(0,0,0)$ を原点とした fcc 構造と，それを $(1/4, 1/4, 1/4)$ だけ並進移動した fcc 構造の，二つの fcc 構造を組み合わせて表すことができる。ダイヤモンド構造は空間群 $Fd\bar{3}m$ に属する。

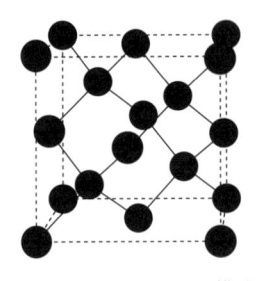

図 5.21 ダイヤモンド構造　　図 5.22 閃亜鉛鉱構造

5) 閃亜鉛鉱構造　閃亜鉛鉱とは硫化亜鉛（ZnS）のことであり，閃亜鉛鉱がこの結晶構造をとることから，**閃亜鉛鉱**（zincblende）**構造**と名づけられた。図 5.22 に示すように，ダイヤモンド構造に類似した構造である。ダイヤモンド構造では，同種の原子が二つの fcc 格子を組むことによるものであるが，閃亜鉛鉱構造は，2 種類の原子がそれぞれ $(0,0,0)$ と $(1/4, 1/4, 1/4)$ を原点とした fcc 格子を組むことによって表すことができる。閃亜鉛鉱構造は空間群 $F\bar{4}3m$ に属する。

6) 塩化ナトリウム（岩塩）構造　塩化ナトリウム（NaCl）がこの結晶構造をとることから，**塩化ナトリウム**（NaCl, sodium chloride）**構造**と名づけられている。また，岩塩の主成分が塩化ナトリウムであることから，**岩塩**（rock-salt）**構造**とも呼ばれる。この結晶構造は，ダイヤモンド構造と閃亜鉛鉱構造の場合と類似しており，図 5.23 に示すように，二つの fcc 構造を組み合わせて表すことができる。塩化ナトリウム構造には，2 種類の元素が存在し，一方は原点を $(0,0,0)$ にとり，もう一方はそれを $(1/2, 0, 0)$ だけ並進移動したものである。塩化ナトリウム構造は空間群 $Fm\bar{3}m$ に属する。

7) 塩化セシウム構造　塩化ナトリウム構造と同様に，塩化セシウム

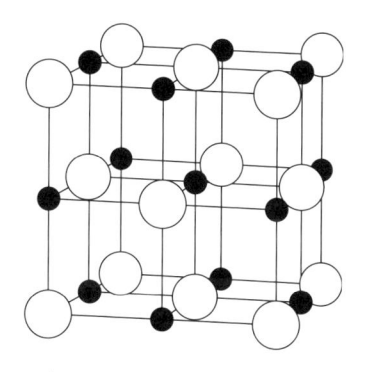

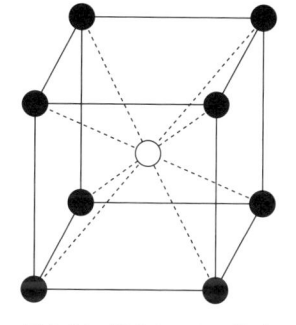

図 5.23 塩化ナトリウム構造   図 5.24 塩化セシウム構造

（CsCl）がこの結晶構造をとることに由来して，**塩化セシウム**（CsCl, cesium chloride）**構造**と名づけられている．また，塩化セシウム構造も，塩化ナトリウム構造と同様に，2種類の元素からなる物質のとる結晶構造である．**図 5.24** では，一見すると体心立方構造に類似しているように思えるが，塩化セシウム構造は，二つの単純立方格子の組合せからできている．$(0,0,0)$ を原点とする原子 A が組む単純立方格子と，それとは異なる原子 B が原子 A を $(1/2, 1/2, 1/2)$ だけ並進移動した単純立方格子を組んでいる．したがって，塩化セシウム構造は空間群 $P\mathrm{m}\bar{3}\mathrm{m}$ に属する．

8) ペロブスカイト構造　　3 種類の元素 A, B, C から構成される化合物がとる結晶構造のなかで，最も代表的な結晶構造が**図 5.25** に示すような**ペロブスカイト**（perovskite）**構造**である．化学式では ABC_3 の形で表され，単位

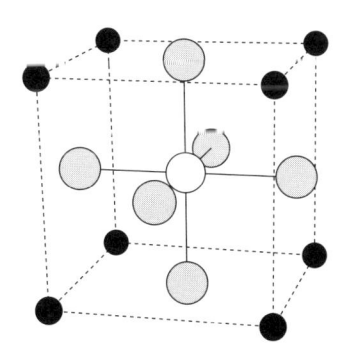

図 5.25 ペロブスカイト構造

格子中にAとB原子がそれぞれ1個ずつ，C原子が3個存在する。AとB原子が塩化セシウム構造を形成しているうえに，その面心位置にそれらとは異なる第三の原子Cを配置した構造である。ペロブスカイト構造は空間群 $Pm\bar{3}m$ に属する。

5.5 逆 格 子

本節では，**逆格子**（reciprocal lattice）について説明する。基本並進ベクトルが，式 (5.1) のように，$t = m_1\boldsymbol{a} + m_2\boldsymbol{b} + m_3\boldsymbol{c}$ と表されるとき，その逆格子は以下の基本逆格子ベクトル $\boldsymbol{a}^*$, $\boldsymbol{b}^*$, $\boldsymbol{c}^*$ を用いて表すことができる。

$$\boldsymbol{a}^* = 2\pi \frac{\boldsymbol{b} \times \boldsymbol{c}}{\boldsymbol{a} \cdot (\boldsymbol{b} \times \boldsymbol{c})}, \qquad \boldsymbol{b}^* = 2\pi \frac{\boldsymbol{c} \times \boldsymbol{a}}{\boldsymbol{a} \cdot (\boldsymbol{b} \times \boldsymbol{c})}, \qquad \boldsymbol{c}^* = 2\pi \frac{\boldsymbol{a} \times \boldsymbol{b}}{\boldsymbol{a} \cdot (\boldsymbol{b} \times \boldsymbol{c})} \tag{5.2}$$

逆格子に対して，t で表される格子のことを**実格子**（real lattice）と呼ぶ。式 (5.2) における分母はすべて共通になっているが，この分母 $\boldsymbol{a} \cdot (\boldsymbol{b} \times \boldsymbol{c})$ は実格子の単位体積を表している。逆格子ベクトル $\boldsymbol{G}$ は，上記の $\boldsymbol{a}^*$, $\boldsymbol{b}^*$, $\boldsymbol{c}^*$ を用いて次式で表すことができる。

$$\boldsymbol{G} = m_1'\boldsymbol{a}^* + m_2'\boldsymbol{b}^* + m_3'\boldsymbol{c}^* \tag{5.3}$$

実格子が作る空間を**実空間**（real space）と呼ぶのに対し，逆格子が作る空間を**逆空間**（reciprocal space）または $\boldsymbol{k}$ **空間**（k-space）と呼ぶ。斜方晶，正方晶，立方晶のように，実空間において基本並進ベクトルがすべて直交しているときは，基本逆格子ベクトル $\boldsymbol{a}^*$, $\boldsymbol{b}^*$, $\boldsymbol{c}^*$ もすべて直交し，それらの長さは

$$|\boldsymbol{a}^*| = \frac{2\pi}{|\boldsymbol{a}|}, \qquad |\boldsymbol{b}^*| = \frac{2\pi}{|\boldsymbol{b}|}, \qquad |\boldsymbol{c}^*| = \frac{2\pi}{|\boldsymbol{c}|} \tag{5.4}$$

で表すことができる。式 (5.2) および式 (5.4) からもわかるように，逆格子空間の長さの単位は，実格子空間の単位の逆数になる。

逆格子空間においても，実格子におけるウィグナー–ザイツセルと同様に，格子点の間の垂直二等分面で囲まれた領域を考えて，それを**ブリュアン**（Brillouin）ゾーンと呼ぶ．特に，最小のブリュアンゾーンのことを**第1ブリュアンゾーン**という．これらの逆格子，ブリュアンゾーンの考え方は，周期性を持つ結晶においてはたいへん重要である．5.6節のX線回折および6章（固体の中の電子）において，それぞれに関連して再度説明することにする．

それでは，具体的な三次元結晶における逆格子の構造と，第1ブリュアンゾーンの形を見てみよう．

まず一つの例として，体心立方格子について考えることにする．実空間において体心立方格子の基本単位格子を考えると，**図5.26**の実線で囲んだような形になり，この基本単位格子中には，格子点が1個のみ含まれている．

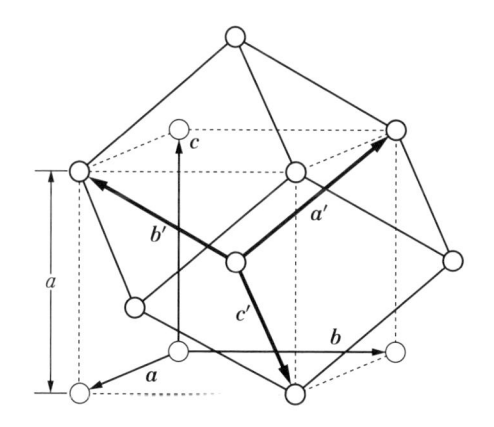

図5.26 体心立方格子の基本単位格子

図中に示した基本並進ベクトル

$$a' = \frac{a}{2}(-a+b+c), \quad b' = \frac{a}{2}(a-b+c), \quad c' = \frac{a}{2}(a+b-c) \quad (5.5)$$

により，この基本単位格子を表すことができる．したがって，式(5.2)を用いて体心立方格子の逆格子を組むと，基本逆格子ベクトルは

$$a^* = \frac{2\pi}{a}(b+c), \quad b^* = \frac{2\pi}{a}(a+c), \quad c^* = \frac{2\pi}{a}(a+b) \quad (5.6)$$

で表すことができる．これは，実格子における面心立方格子の基本並進ベクトルと同じものであり，体心立方格子の逆格子は**図5.27**に示したように面心立方格子となる．

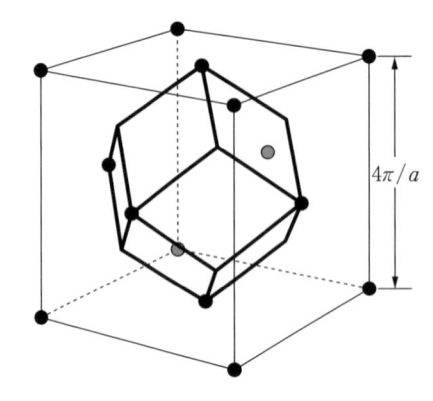

図 5.27　体心立方格子の逆格子と
第 1 ブリュアンゾーン（太線）

さて，第 1 ブリュアンゾーンは，前述のとおり，それぞれの逆格子点を結ぶ線分の垂直二等分面で囲まれた領域のうち最小のものなので，体心立方格子の逆格子点について当てはめてみると，図の太線で囲んだ領域になる。

つぎに，もう一つの例として，面心立方格子の逆格子を考えてみよう。面心立方格子の実空間における基本単位格子は，**図 5.28** のような形で表すことができ，図中に示したように，基本並進ベクトルは

$$a' = \frac{a}{2}(b+c), \quad b' = \frac{a}{2}(a+c), \quad c' = \frac{a}{2}(a+b) \tag{5.7}$$

で表すことができる。

これを用いて，体心立方格子の場合と同様に式 (5.2) を用いて逆格子を組むと，面心立方格子の基本逆格子ベクトルは

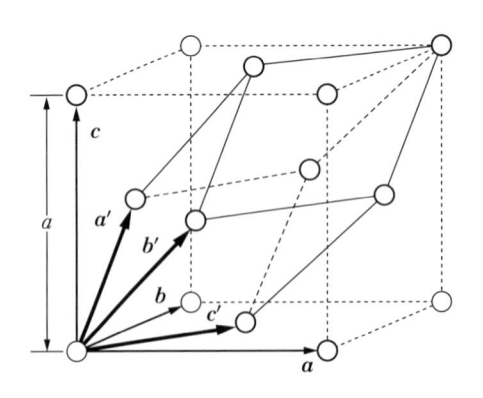

図 5.28　面心立方格子の基本単位格子

$$a^* = \frac{2\pi}{a}(-a+b+c), \quad b^* = \frac{2\pi}{a}(a-b+c), \quad c^* = \frac{2\pi}{a}(a+b-c)$$
(5.8)

で表すことができ，これは実空間における体心立方格子と同じものである．面心立方格子の逆格子を図示すると，**図5.29**のようになり，太線で囲んだ領域が第1ブリュアンゾーンである．

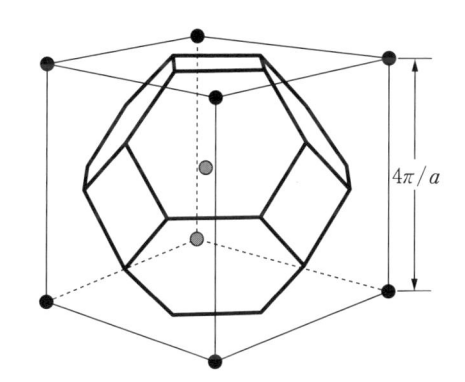

図5.29 面心立方格子の逆格子と第1ブリュアンゾーン（太線）

5.6 X線回折

原子が規則的に配列した結晶にX線や電子線などの電磁波を照射すると，ある条件を満たすときに**回折**（diffraction）**現象**が起こる．この回折現象を利用することによって，どのように原子が配列しているかを解析すること，すなわち（結晶）**構造解析**（structure analysis）が可能である．ここでは，まず回折現象が起こる条件について考え，具体的なX線回折の測定法について説明することにしよう．

図5.30に示すように，平行な電磁波が面間隔dであるような格子面に入射した場合を考えてみよう．入射波の波長をλとして，入射波の位相は進行方向に対してそろっているものとする．この場合，格子面1で散乱されるX線と格子面2で散乱されるX線の行路差は，図に示したように$2d\sin\theta$であるが，この長さが入射X線の波長λの整数倍になるときは，たがいに強めあい，ま

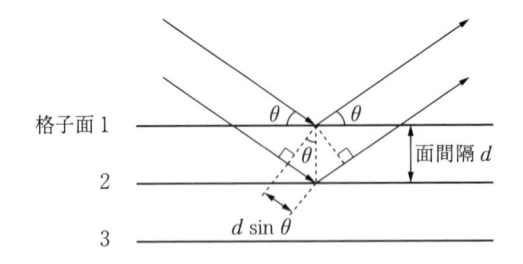

図5.30 ブラッグの回折

たそうでないときは弱めあうことになる。

図では，二つの格子面での散乱のみを図示したが，実際には多数の格子面からの散乱によって，たがいに干渉しあうことになり，行路差が入射X線の波長の整数倍のとき以外は，たがいに弱めあってこの方向には散乱波はまったく出てこないことになる。したがって，行路差が入射X線の波長の整数倍

$$2d\sin\theta = n\lambda \quad (n=1,2,\cdots) \tag{5.9}$$

の関係が成り立つときのみ，θで入射した波長λのX線はθ方向に出射することが可能になる。このように，特定の角度で電磁波を結晶に入射したときのみ，特定の角度にのみ出射する現象を**回折現象**といい，式(5.9)の条件を**ブラッグ（Bragg）の回折条件**という。

ところで，式(5.9)において$\sin\theta \leq 1$であるので，回折現象が起こるためには，$2d \geq \lambda$という条件を，入射光の波長が満たす必要がある。結晶中における原子間の距離は0.1〜1 nm程度であるから，原子の配列を調べるためには，それよりも短い波長を持つ入射波を用いなければならない。一般に，このような目的にはX線，中性子線，高エネルギーの電子線などが用いられる。

それでは，ここで，一般に広く用いられている二つのX線回折の測定法である**デバイ-シェラー**（Debye-Scherrer）**法**と，**ディフラクトメータ**（diffractometer）**法**について説明することにしよう。図5.31に示すように，多結晶[†]の試料に，波長λのX線を照射した場合について考える。入射したX線のうち，多結晶によって入射方向に対して特定の角度方向にのみ回折され，感光体

[†] 単一の結晶のみによって構成される物質を**単結晶**（single crystal）と呼び，さまざまな方位をもつ単結晶の集合体で構成される物質を**多結晶**（polycrystal）と呼ぶ。

に到達し，同心円状の結果が測定される．この原理に基づいて，一般的には，図 5.32 に示すような装置を用いて測定を行う方法がデバイ-シェラー法である．図中に示した円の内側にフィルムを設置することにより，回折した X 線を検出すると，図 5.33 に示すように感光したフィルムを得ることができる．

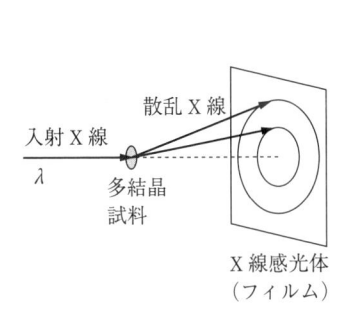

図 5.31 多結晶による X 線の回折

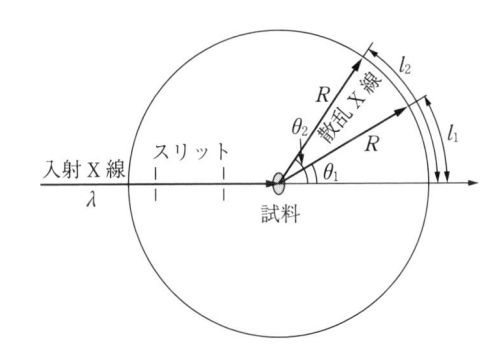

図 5.32 デバイ-シェラー法による X 線の回折

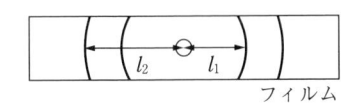

図 5.33 デバイ-シェラーカメラにより感光したフィルム

では，このデバイ-シェラー法による測定結果から，多結晶の面間隔 d を求める方法を説明しよう．まず，多結晶中の面間隔 d_1 を持つ $(h_1\,k_1\,l_1)$ 面における回折を考える．回折された X 線は，図 5.33 の l_1 に対応するように感光したとしよう．このとき，図 5.34 に示すように，ブラッグの回折条件

$$2d_1 \sin\frac{\theta_1}{2} = n\lambda \tag{5.10}$$

を満たすような回折が起こっていることがわかるだろう．したがって，入射方向に対して角度 θ_1 の方向に回折される X 線がフィルムに到達した場合は，カメラの半径 R とフィルム上における中心からの距離 l_1 から

$$\frac{l_1}{2\pi R} = \frac{\theta_1}{360} \tag{5.11}$$

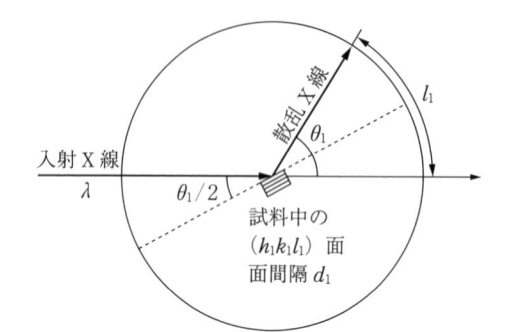

図5.34 デバイ-シェラーカメラにおけるX線の回折

の関係を用いて θ_1〔deg〕を求めることができる。また，異なる面間隔 d_2 を持つ $(h_2 k_2 l_2)$ 面での回折線は

$$2d_2 \sin\frac{\theta_2}{2} = n\lambda \tag{5.12}$$

の条件を満たすように，θ_2 方向に回折され，中心からの距離が l_2 の部分を感光させることになる。このようにして，多結晶体の異なる面間隔を持つ面による回折線が，フィルムの異なる部分を感光し，フィルム上で中心から感光した部分までの距離を測定することによって，試料の多結晶の面間隔を求めることができるのである。

つぎに，もう一つのX線回折の測定法であるディフラクトメータを用いた測定法について説明することにしよう。一般的に，**ディフラクトメータ法**では **図5.35** に示すような装置を用いる。X線源から放出された波長 λ のX線を試料に照射し，試料表面とX線の入射方向のなす角が θ になるように，またそれと同時に検出器の位置が入射方向から 2θ の方向になるように，試料と検出器を同時に移動させながら測定する。このように θ と 2θ を同時に制御することから，ディフラクトメータ法を **θ-2θ 法** と呼ぶこともある。

ディフラクトメータ法を用いた測定結果の一例として，fcc構造の金（Au）の測定結果（**X線回折図形**もしくは**X線回折パターン**という）を図5.36に示す。この結果から，回折ピークとなっている θ がブラッグの回折条件を満たしているので，その値から面間隔 d を決定することができる。

5.6 X線回折

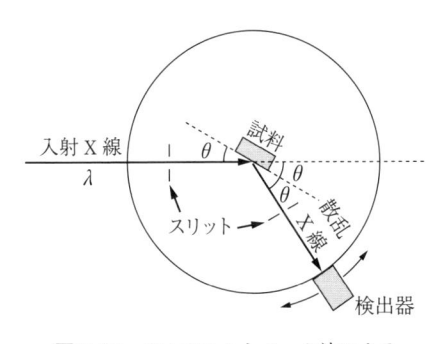

図 5.35 ディフラクトメータ法による X線回折測定

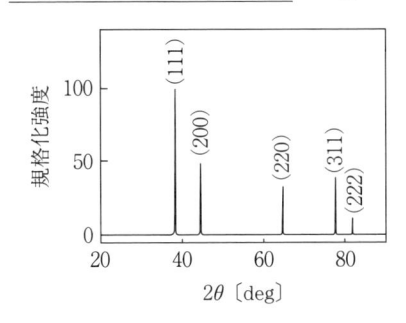

図 5.36 ディフラクトメータ法による金（fcc構造）のX線の回折パターン

　ここまで，X線の回折現象は，ブラッグの回折条件を満たすような間隔を持つ格子面によって起こる現象であると説明してきた。しかし，そこで起こっている物理現象の素過程については述べていなかったので，ここで簡単に説明することにしよう[†]。結晶に入射したX線は，その結晶を構成する原子と相互作用することによって一部が散乱される。原子は，電子と原子核によって構成されているが，原子によるX線の散乱を考える場合，原子の中の電子による散乱がほとんどであり，原子核によって散乱される割合は，無視することができるくらい小さい。

　それでは，X線が一つの電子によって散乱される場合を考えよう。X線の電子による散乱は，散乱前後でX線のエネルギーに変化のない弾性散乱であるトムソン（Thomson）散乱と，散乱後にエネルギーを一部失う非弾性散乱であるコンプトン（Compton）散乱が知られている。回折現象においては，回折前後において波長の変化がない場合を考えるので，前者のトムソン散乱を考えることになる。一つの電子によるX線の散乱強度 I は

$$I = I_0 \frac{K}{r^2}\left(\frac{1+\cos^2 2\theta}{2}\right) \tag{5.13}$$

で表すことができ，この式を**トムソンの式**という。ここで，I_0 は入射X線の

[†] X線の散乱に関する詳細は，本書の目的から外れるので，X線回折に関する参考書を参照されたい。

強度，Kは定数，rは電子からの距離，θは入射方向となす角度である．この式からもわかるように，X線の電子による散乱はあらゆる方向に起こる現象である．

つぎに，複数の電子が存在している原子によるX線の散乱を考えよう．原子番号Zの原子の中にはZ個の電子が存在しているので，原子によるX線の弾性散乱は，1個の電子による散乱をZ倍すればよいように思うかもしれないが，実際にはそのように単純に考えることはできない．**図 5.37** に示すように，位相がそろった平行なX線が原子に入射した場合を考えると，異なる2点に存在する電子1と電子2によって散乱されると，散乱されたX線どうしが干渉しあうため，X線が散乱される方向（角度）と原子の中での電子の空間分布を考える必要がある．

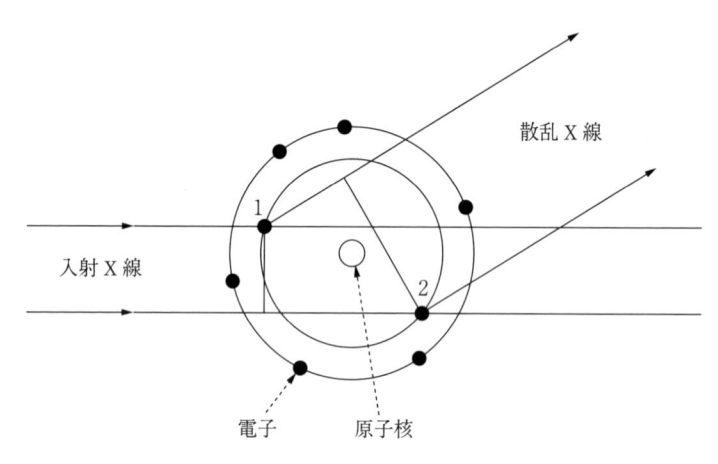

図 5.37 原子中の電子によるX線の散乱

それを表すために，次式で表される**原子散乱因子**（atomic scattering factor）を考える必要がある．

$$f(K) = \int_{atom} \rho(r) e^{-iKr} d\tau \tag{5.14}$$

ここで，ρは電荷分布，Kは入射X線の波数ベクトル，rはX線の散乱方向である．原子が球対称であると考えた場合には，式 (5.14) は

$$f(K) = \int_0^\infty 4\pi r^2 \rho(r) \frac{\sin Kr}{Kr} dr \tag{5.15}$$

と表すことができる。ただし

$$K = \frac{4\pi \sin\theta}{\lambda} \tag{5.16}$$

である。いくつかの原子の原子散乱因子の散乱角度依存性を**図5.38**に示す。この図からもわかるように，$\theta = 0$ すなわちX線の入射方向に散乱される場合には，原子散乱因子は原子番号 Z に一致する。

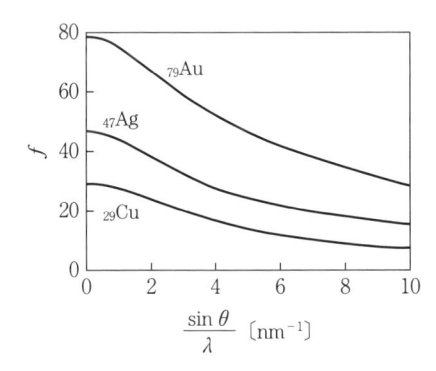

図5.38 原子散乱因子の散乱角度依存性

さて，ここまでで原子によるX線の散乱が表せたことになるが，結晶における格子面による回折強度は，さらに単位格子中の原子の位置（基本構造），すなわち結晶構造によって決まる。単位格子中に含まれる原子の数と種類，およびそれらの単位格子中での位置がわかれば，格子面（hkl）からの回折強度は**結晶構造因子**（crystal structure factor）の2乗で表すことができる。ここで，結晶構造因子 F_{hkl} は

$$F_{hkl} = \sum_{j=1}^{N} f_j e^{2\pi i (hu_j + kv_j + lw_j)} \tag{5.17}$$

と表すことができる。ここで，f は原子散乱因子，(u, v, w) は単位格子中で原子が占める座標である。この式において，結晶構造因子は h, k, l がある条件を満たすときには，その値が0となる場合があり，その条件は結晶構造によって決定する。このように結晶構造因子が0になる条件のことを**消滅則**という。

それでは，具体的な結晶構造を例にして結晶構造因子の計算を行い，消滅則を導いてみよう。まず，体心立方構造の場合について考える。体心立方構造においては，単位立方格子中の $(0,0,0)$ と $(1/2,1/2,1/2)$ に原子が存在する。したがって，式 (5.17) にこの座標を代入して整理すると，結晶構造因子は

$$F_{hkl} = f\{1 + e^{\pi i(h+k+l)}\} \tag{5.18}$$

となる。これを h, k, l によって分類すると

$$\left.\begin{array}{l} h+k+l=2n \text{（偶数）のとき：} F_{hkl} = 2f, \ |F_{hkl}|^2 = 4f^2 \\ h+k+l=2n+1 \text{（奇数）のとき：} F_{hkl} = 0 \end{array}\right\} \tag{5.19}$$

となる。これより $h+k+l$ が奇数となるような格子面での回折は，体心立方構造の結晶では起こらないという消滅則を導けたことになる。

ついで，面心立方構造における消滅則について考えてみることにしよう。面心立方構造には，$(0,0,0)$, $(1/2,1/2,0)$, $(1/2,0,1/2)$, $(0,1/2,1/2)$ の4個の原子が単位格子中に存在するので，結晶構造因子は

$$F_{hkl} = f\{1 + e^{\pi i(h+k)} + e^{\pi i(k+l)} + e^{\pi i(l+h)}\} \tag{5.20}$$

となる。これより

$$\left.\begin{array}{l} h, k, l \text{がすべて偶数もしくは奇数の場合：} F_{hkl} = 4f, \ |F_{hkl}|^2 = 16f^2 \\ h, k, l \text{が偶数，奇数混合の場合：} F_{hkl} = 0 \end{array}\right\} \tag{5.21}$$

という条件が導かれ，面心立方構造においては h, k, l の値が偶奇混合となる格子面では回折が起こらないことになる。図 5.36 に面心立方構造を有する金のX線回折パターンを示したが，確かに h, k, l が偶奇混合となっている格子面による回折が含まれていないことが見て取れるであろう。

5章のまとめ

孤立系の対称性

分子＝孤立系 → 点群

対称操作には，つぎの四つの基本操作がある。
恒等操作，回転操作，鏡映操作，反転操作
分子軌道の名称 → 既約表現を小文字で表す。

周期系の対称性

固体（結晶）＝周期系 → 空間群
結晶構造＝格子＋基本構造
結晶系：7，ブラベー格子：14，空間群：230

実空間 (real space) ⇔ 逆空間 (reciprocal space)

実格子ベクトル

$t = m_1 \boldsymbol{a} + m_2 \boldsymbol{b} + m_3 \boldsymbol{c}$

逆格子ベクトル

$\boldsymbol{G} = m'_1 \boldsymbol{a}^* + m'_2 \boldsymbol{b}^* + m'_3 \boldsymbol{c}^*$

$\boldsymbol{a}^* = 2\pi \dfrac{\boldsymbol{b} \times \boldsymbol{c}}{\boldsymbol{a} \cdot (\boldsymbol{b} \times \boldsymbol{c})}$

$\boldsymbol{b}^* = 2\pi \dfrac{\boldsymbol{c} \times \boldsymbol{a}}{\boldsymbol{a} \cdot (\boldsymbol{b} \times \boldsymbol{c})}$

$\boldsymbol{c}^* = 2\pi \dfrac{\boldsymbol{a} \times \boldsymbol{b}}{\boldsymbol{a} \cdot (\boldsymbol{b} \times \boldsymbol{c})}$

X線回折

ブラッグの回折条件

$2d \sin \theta = n\lambda$

格子面間隔　入射角　X線の波長

6. 固体の中の電子

　これまでは，孤立系である原子と分子の電子状態について考えてきた。実際の分子の電子状態を考えるために，一次元1粒子（2章），一つの原子核と一つの電子から成る2体問題である水素類似原子と，一つの原子核と2個以上の電子からなる多電子原子（3章），そして複数の原子核と複数の電子からなる分子における電子状態（4，5章）という順に，徐々に複雑な系を扱うという手順に従って，多中心ポテンシャル中の三次元 N 粒子系である分子内の電子の状態を表現するところまで到達した。

　一方，固体（結晶）の電子状態を考えるときには，孤立系の場合とは正反対に，まず多数の原子が周期をもって規則配列していることを前提条件として議論を始める。本章では，結晶が周期性を持つということを起点とした**自由電子モデル**，そしてさらに規則正しい原子配列によるポテンシャルの周期性を考慮に入れた，**ほぼ自由な電子モデル**について説明したあと，それらとは対照的な考え方を基にした，強く束縛された電子モデルについて説明することにする。また，種々の固体の電子状態を具体的に求めるために，近年広く用いられている第一原理計算法について概説し，代表的な固体の電子状態の見方について述べることにする。

6.1　自由電子モデル

　初めに，自由電子（ガス）モデル（free electron (gas) model）について考えてみよう。このモデルは，トムソンが電子を発見したわずか3年後の1900年に，ドルーデ（P.K.L. Drude, 1863-1906）が提案したものである。このモデルでは，図6.1に示すように，金属中の原子はそれぞれ電子を提供し，陽イオンと電子に分かれて，その固体内において，提供された電子が自由に運動す

6.1 自由電子モデル

陽イオン
(電子を提供した原子)　　自由電子

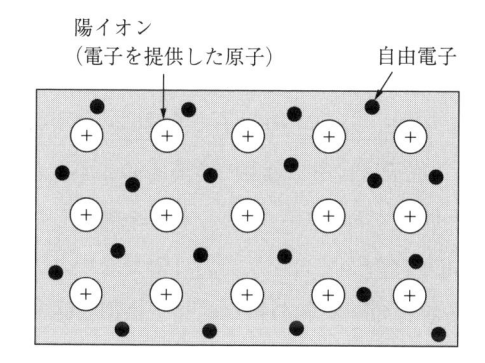

図 6.1 金属結晶中における自由電子(ガス)モデル

ることができると考える。ここで，各原子から提供されて自由に運動できると考えた電子のことを，**自由電子**(free electron) と呼んだ。このモデルが提唱された当時は，現代の量子力学が確立するよりも前であったため，古典電磁気学的な描像のなかでの議論がなされたが，金属の電気伝導性などの種々の物性を定性的に説明することができるモデルであった。

それでは，このモデルに量子力学を適用して，自由電子の波動関数について考える準備をすることにしよう。まず，N個の単一原子からなる物質，すなわち単体を考えることにしよう。この単体において，各原子は規則的に配列しているもの，すなわち結晶であるとして，各原子からそれぞれ1個ずつ電子が提供されて，合計N個の電子が自由に固体内を動ける自由電子であるとしよう。このように考えると，結晶を構成するものは，N個の正に帯電した1価のイオンと，N個の電子からなる電子ガス(電子雲)とに分けられ，規則的に配列している陽イオンの上に，電子ガスが分布していると考えることができる。これらのN個の陽イオンのことを**イオン芯**(ion core) と呼ぶ。

具体例として，Na単体に自由電子モデルをあてはめて考えてみることにしよう。Naの原子番号は11で，原子の状態では11個の電子が存在する。Na原子の基底状態における電子配置は$1s(2), 2s(2), 2p(6), 3s(1)$である(( )内はその軌道に含まれる電子数)。Na単体結晶においては，それぞれのNa原子が価電子である3s軌道の電子を1個ずつ提供して，それが自由電子となり，残りの1sから2p軌道までの10個の電子と，正に帯電した11個の陽子を含む

原子核がたがいに電荷を打ち消しあって，1価の正の電荷を帯びたイオン芯になると考えるのである。

それでは，自由電子モデルに基づいて，結晶中の電子の波動関数について考えてみよう。自由電子モデルでは，電子は自由に運動できるもの，すなわち，電子はポテンシャルを感じないと仮定するので，電子と電子を提供した原子（イオン芯）との間，および自由電子間のクーロン反発力は働かないと近似する。まず，この近似のもとで，長さ L の一次元の箱（結晶）に閉じ込められている，自由電子について考えることにしよう。この自由電子が満たすべきシュレーディンガー方程式は

$$-\frac{\hbar^2}{2m}\frac{d^2}{dx^2}\phi(x) = E\phi(x) \tag{6.1}$$

である。これは，2章で説明した無限に高い井戸形ポテンシャル中に閉じ込められた1粒子が，井戸の中で満たすべき波動方程式（式(2.5)）と同じである。したがって，式(6.1)の解は

$$\phi(x) = \sqrt{\frac{2}{L}}\sin\left(\frac{n\pi}{L}x\right) \quad (n=1, 2, \cdots) \tag{6.2}$$

である。結晶において，最も本質的な操作は並進対称操作であるが，結晶の大きさは有限であるため，結晶の一番端で，並進操作をした場合，結晶からはみ出してしまうことになる。それを避けるために，並進操作によって結晶の一方からはみ出したときには，その反対側から入ってくると考えることにする。一次元の場合でいえば，端がつながったリング状になっている状態を考えることに相当する。したがって，無限に高い井戸形ポテンシャル中においては，井戸の外側で波動関数が0になるという条件のもとで波動方程式を解いたが，いま考えている自由電子モデルでは，この箱が周期的に配列しているという条件を加えることになる。すなわち

$$\phi(0) = \phi(L) = 0 \tag{6.3}$$

という条件に加えて

$$\phi(x) = \phi(x+L) \tag{6.4}$$

という条件を課すことになる。式 (6.4) で示すような条件のことを，**周期境界条件** (periodic boundary condition) という。ここで，まず

$$E = \frac{\hbar^2 k_x^2}{2m} \tag{6.5}$$

と置くと，解くべきシュレーディンガー方程式（式 (6.1)）は

$$\frac{d^2}{dx^2}\phi(x) = -k_x^2 \phi(x) \tag{6.6}$$

となる。この方程式の解は

$$\phi(x) = A \exp(ik_x x) \tag{6.7}$$

と表すことができる。いま，一つの粒子に対するシュレーディンガー方程式を考えているので，規格化条件より

$$\int_0^L |\phi(x)|^2 dx = 1 \tag{6.8}$$

となる。したがって

$$\phi(x) = \frac{1}{\sqrt{L}} \exp(ik_x x) \tag{6.9}$$

という解が得られる。これは，**波数** (wave number) k_x で進行する**平面波** (plane wave) を表している。

また，式 (6.5) に示したように，波数 k_x に対するエネルギー固有値 E は，**図 6.2** に示すような放物線を描く。ただし，ここで課した境界条件のため，k_x は

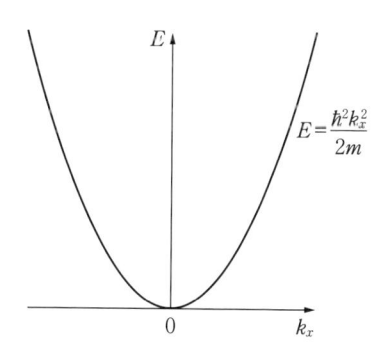

図 6.2 一次元自由電子モデルにおける波数 k_x に対するエネルギー固有値 E

$$k_x = \frac{2\pi}{L} n_x \qquad \left(n_x = 0, \pm 1, \pm 2, \cdots\right) \tag{6.10}$$

という制約を受ける。ここで，k_x の値が離散的な値となっていることに注意されたい。通常の結晶を考える場合，L の値が n_x に比べて十分に大きくなるため，k_x の値の間隔は非常に小さくなり，ほぼ連続的であるとみなすことができるが，あくまでも離散値である。

さて，これまでの一次元での議論を三次元に拡張して考えると，一辺が L の立方体に閉じ込められた場合を考えればよいことになる。三次元のシュレーディンガー方程式は

$$-\frac{\hbar^2}{2m} \nabla^2 \phi(x, y, z) = E \phi(x, y, z) \tag{6.11}$$

であり，これに

$$\phi(x, y, z) = \phi(x+L, y, z) = \phi(x, y+L, z) = \phi(x, y, z+L) \tag{6.12}$$

という周期境界条件を課せばよい。式 (6.11) を解くと，一次元の場合と同様にして

$$\phi(\boldsymbol{r}) = \frac{1}{\sqrt{L^3}} \exp(i\boldsymbol{k}\cdot\boldsymbol{r}) \tag{6.13}$$

という平面波の解を得る。

また，エネルギー固有値についても

$$E = \frac{\hbar^2}{2m} k^2 = \frac{\hbar^2}{2m}\left(k_x^2 + k_y^2 + k_z^2\right) \tag{6.14}$$

という値を得る。ここで，波数 k のとりうる値についても，周期境界条件により，一次元の場合と同様に

$$k_x = \frac{2\pi}{L} n_x, \quad k_y = \frac{2\pi}{L} n_y, \quad k_z = \frac{2\pi}{L} n_z \qquad \left(n_x, n_y, n_z = 0, \pm 1, \pm 2, \cdots\right) \tag{6.15}$$

という制約を受ける。

さて，自由電子の総数を N とするとき，エネルギーが最も低い準位，すなわち量子数 n が 1 の状態（準位）から順に電子が占有されていき，$n=N$ まで

の準位に電子が占有されることになる[†]。すべての準位を満たしたとき，占有されている準位のうち最もエネルギーが高い準位，すなわち N 番目の軌道のことを**フェルミ準位**（Fermi level）といい，そのエネルギーを**フェルミエネルギー**（Fermi energy）という。フェルミエネルギー ε_F は

$$\varepsilon_F = \frac{\hbar^2}{2m}\left(\frac{2N\pi}{L}\right)^2 \tag{6.16}$$

で表すことができる。

つぎに，波動関数のエネルギー分布について考えてみよう。エネルギーが E と $E+dE$ の間に存在する状態の数，すなわち波動関数の数を $D(E)dE$ と書けるとき，$D(E)$ のことを**電子状態密度**（electronic density of states）という。E より小さなエネルギーを持つ電子の総数 N は

$$N = \frac{V}{3\pi^2}\left(\frac{2mE}{\hbar^2}\right)^{3/2} \tag{6.17}$$

であるから，状態密度 $D(E)$ は次式で表すことができる。

$$D(E) = \frac{dN}{dE} = \frac{V}{2\pi^2}\left(\frac{2m}{\hbar^2}\right)^{3/2} E^{1/2} \tag{6.18}$$

式 (6.18) を図示してみると（**図 6.3**），その関数形からも明らかなように，$D(E)$ はエネルギー E の 1/2 乗に比例する放物線を描く。また，電子の占有状態については，絶対零度においては，フェルミエネルギーまで電子が占有され，それより高いエネルギーの部分には電子が占有されないことになる。

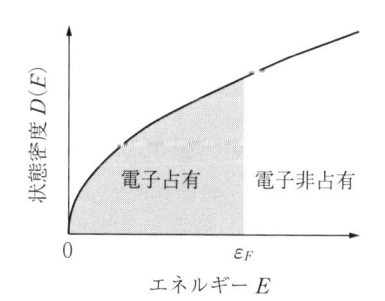

図 6.3 自由電子モデルにおける状態密度

[†] 電子のスピンを考慮せず，N が偶数の場合には，$n = N/2$ まで電子が占有される。

さて、ここまでの議論では、温度の効果についてまったく考慮していなかったが、ここで温度の影響について考えてみることにしよう。ここでは、詳述は避けるが、統計力学の考えをもとにすると、N電子系の理想電子気体中の電子の占有分布は**フェルミ-ディラック**（Fermi-Dirac）**分布**に従い

$$f(E) = \frac{1}{\exp\left(\dfrac{E-\mu}{k_B T}\right)+1} \quad (6.19)$$

で表すことができる。ここで、k_Bは**ボルツマン**（Boltzmann）**定数**であり、μは**化学ポテンシャル**（chemical potential）である。絶対零度においては、フェルミエネルギーと化学ポテンシャルは一致する。図6.4に示したように、絶対零度では、あるエネルギーまで電子が占有し、それ以上のエネルギーをとる電子が存在しない階段形の占有の仕方を示すが、温度の上昇に伴って、その状況は徐々に変化してくる。

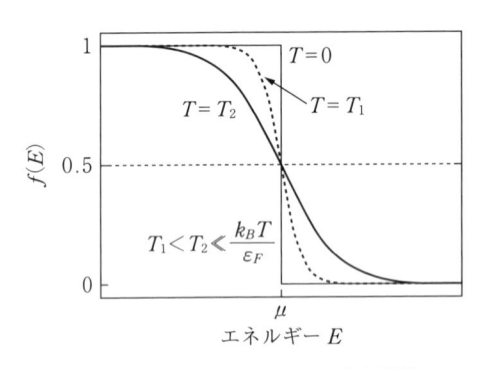

図6.4 フェルミ-ディラック分布関数

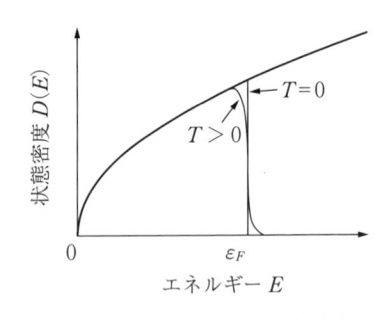

図6.5 $T=0$、$T>0$Kにおける自由電子モデルの状態密度

自由電子モデルに対して、ある温度$T(>0\mathrm{K})$における状態密度の場合には、式(6.18)の放物線に式(6.19)を掛けたもの（**図6.5**）を考えればよいことになる。この図から、温度の影響を考えることにより、フェルミエネルギーより高い準位に電子が存在するようになり、また、フェルミ-ディラック分布の特性より、温度が上昇するにつれてそのように高い準位移動する電子の数が増えることがわかる。このように、熱エネルギーを吸収して電子がより高い準

位に移動することを**熱励起**（thermal excitation）という。

6.2　ほぼ自由な電子モデル

前節の自由電子モデルは，すべての自由電子と他の電子や原子核との相互作用を無視して，まったくポテンシャルを感じないことを前提としたモデルであった。ここで説明する，**ほぼ自由な電子モデル**（nearly-free electron model）においては，さらに原子が規則配列していることを取り入れて，電子が感じるポテンシャルが原子配列に同調して周期的に変化するものと考えており，実在の金属により近い状況を仮定しているモデルである。また，このモデルの名称は，電子が"弱いけれどもゼロではない"ようなポテンシャルを感じる場合を考えていることから，『ほぼ自由な』電子モデルと呼ばれる。

それでは，図 6.6 に示すような一次元結晶を用いて，ほぼ自由な電子モデルについて考えてみることにしよう。

図 6.6　一次元結晶

このモデルで，各原子から提供された電子の満たすべき波動方程式は

$$\left(-\frac{\hbar^2}{2m}\frac{d^2}{dx^2} + V(x)\right)\phi(x) = E\phi(x) \tag{6.20}$$

であり，ポテンシャル $V(x)$ は，原子の配列の周期 l に同調する形で

$$V(x) = V(x+l) \tag{6.21}$$

という条件を満たすものである。ブロッホ（F. Bloch, 1905-1983）は，このような周期境界条件を満たす波動関数は

$$\phi(x) = u(x)\exp(ik_x x) \tag{6.22}$$

という形でなければならないことを見いだした。ここで，$u(x)$ は k_x に依存する関数であり

$$u(x) = u(x+l) \tag{6.23}$$

という周期境界条件を満たす．式 (6.22) の形で表される波動関数 $\phi(x)$ を**ブロッホ関数**という．波動関数 $\phi(x)$ は

$$\phi(x+l) = \exp(ik_x l)\phi(x) \tag{6.24}$$

という条件を満たしている．

さて，いま考えている一次元結晶においても，もちろん電子は波動的性質を示すので，波長が原子の配列の間隔と同程度か，それ以下になっている場合には，ブラッグ（Bragg）回折を起こすはずである．ブラッグ回折が起こるのは

$$k = \pm\frac{1}{2}G = \pm\frac{n\pi}{l} \tag{6.25}$$

のときである．ここで，G は基本逆格子ベクトルの大きさである．$n=1$ のとき，すなわち $k=\pm\pi/l$ のときに，初めてブラッグ回折が起こることになる．一次元逆格子空間（k 空間）において，そこまでの領域，すなわち $-\pi/l$ から π/l までの領域が，第1ブリュアンゾーンに相当する．

ここで，この一次元結晶中を左右に進行する二つの進行波 $\exp(i\pi x/l)$ と $\exp(-i\pi x/l)$ がつくる二つの定在波について考えよう．これらの二つの進行波の一次線形結合を作ることによって

$$\phi_+ = \frac{1}{\sqrt{l}}\exp\left(\frac{i\pi x}{l}\right) + \exp\left(-\frac{i\pi x}{l}\right) = \frac{2}{\sqrt{l}}\cos\left(\frac{\pi x}{l}\right) \tag{6.26}$$

$$\phi_- = \frac{1}{\sqrt{l}}\exp\left(\frac{i\pi x}{l}\right) - \exp\left(-\frac{i\pi x}{l}\right) = \frac{2}{\sqrt{l}}i\sin\left(\frac{\pi x}{l}\right) \tag{6.27}$$

という二つの定在波を作ることができる．この一次元結晶におけるポテンシャルを

$$V(x) = V_0\cos\left(\frac{2\pi x}{l}\right) \tag{6.28}$$

とすると，式 (6.26)，(6.27) で示した二つの定在波の波動関数 ϕ_+ と ϕ_- の $k=\pm\pi/l$ におけるエネルギー差は

$$E_g = \int_0^l V(x)\left[|\phi_+|^2 - |\phi_-|^2\right]dx$$
$$= \frac{2V_0}{l}\int_0^l \cos\left(\frac{2\pi x}{l}\right)\left\{\cos^2\left(\frac{\pi x}{l}\right) - \sin^2\left(\frac{\pi x}{l}\right)\right\}dx = V_0 \quad (6.29)$$

となる。

　以上により，ほぼ自由な電子モデルにおける分散関係は**図 6.7** に示すような形となる。ブラッグ回折を起こすとき，すなわち $k = \pm\pi/l$ のときには，電子のエネルギー固有値が存在し得ないエネルギー領域（**禁制帯**という）ができることになり，その幅が式 (6.29) で示す E_g に一致する。

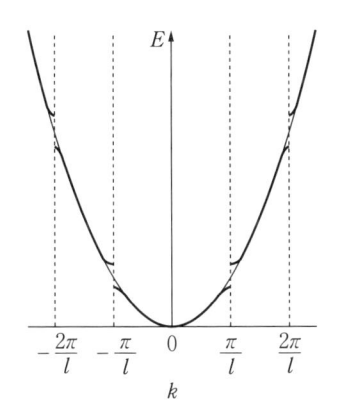

図 6.7　ほぼ自由な電子モデルにおける分散関係

6.3　強く束縛された電子モデル

　自由電子モデルと，ほぼ自由な電子モデルは，アルカリ金属のように結晶中の各原子からのポテンシャルが弱いような結晶の電子状態を考える上で，よいモデルであるが，絶縁体やイオン結晶，価電子がd電子になるような系などのように，結晶中の各原子に強く束縛されているような電子の状態を表すのには適していない。そこで，各原子に強く束縛されたような電子を扱うモデルとして，**強く束縛された電子モデル**（tight-binding model）が提案された。

それでは，この強く束縛された電子モデルについて，説明していくことにしよう。このモデルでは，電子は各原子に強く束縛されていると考えているので，結晶中の各原子位置の近傍では，電子の波動関数はその原子が孤立原子で存在しているときの波動関数に近いはずである。したがって，原子位置の近傍での電子の波動関数は，その原子が孤立した原子として存在するときの原子軌道関数 $\chi(r)$ で近似的に表されることになる。また，孤立原子の状態の原子軌道関数を結晶中に並べたときに，それらの重なりは小さく，原子のポテンシャルに比べて結晶として受けるポテンシャルは小さいものと考える。結晶中の電子のハミルトニアン H は，孤立原子の状態でのハミルトニアン H_{atom} と，結晶中としてのハミルトニアン H_{crys} との和，すなわち

$$H = H_{atom} + H_{crys} \tag{6.30}$$

で表される。ここで，上記のとおり H_{atom} に比べて H_{crys} は小さいと考えて，H_{crys} を摂動項として取り扱う。このように考えることによって，結晶内での電子に対する 1 電子波動関数は

$$\psi_k(r) = \sum_m C_m^k \chi(r - t_m) \tag{6.31}$$

で表すことができる。これは，原子軌道関数の一次線形結合の形となっていることから，このモデルのことを **LCAO モデル**と呼ぶこともある。ほぼ自由な電子モデルと同様に，式 (6.31) で表される波動関数も，ブロッホ関数でなければならないので

$$\psi_k(r) = \frac{1}{\sqrt{N}} \sum_m \exp(i\bm{k} \cdot \bm{t}_m) \chi(r - t_m) \tag{6.32}$$

となる。

それでは，強く束縛された電子モデルにおいて波動関数がどのような形で表されるかを見てみることにしよう。ここでは，式 (6.32) における原子軌道関数として，2s 軌道のみを考え，一次元で図示することにしよう（**図 6.8**）。図の一番上が $k=0$ におけるもの，一番下が $k=\pi/l$ のものである。また，中段には両者の中間に当たる k における波動関数を示した。これらより，$k=0$ に

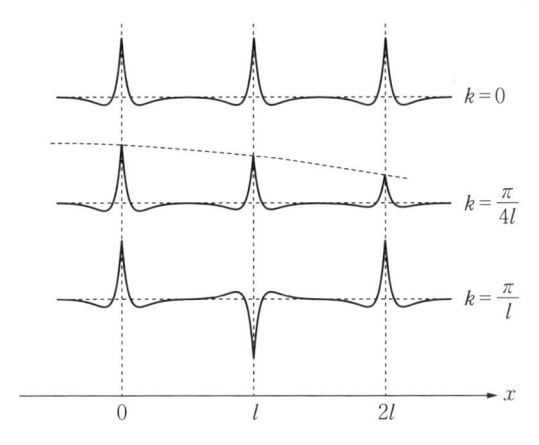

図 6.8 強く束縛された電子モデルにおける波動関数

おいては，すべての原子軌道の和をとったような形になっており，一次元における第1ブリュアンゾーンの境界に当たるところ，すなわち $k=\pi/l$ では，原子軌道関数のちょうど差を取った形になっていることが見て取れるだろう．

6.4 第一原理計算

第一原理計算（first-principles calculation）とは，これまでに説明してきた多電子系の取扱いを，具体的な物質に適用して数値計算を実行する計算法のことである．この方法は，原子の種類と位置以外に，実験データをパラメータとして用いたり，実験結果を再現するようにパラメータフィッティングを行ったりすることなしに，基本原理に従って計算を実行するものである．もう一つ同じような意味で用いられる呼び方に **ab initio 法** という用語もあるが，こちらはラテン語で『初めから』ということを意味しており，用語の持つ意味としては第一原理計算と同義である．しかしながら，孤立系（非周期系）について，おもにハートリー–フォック近似に基づいた量子化学計算のことを *ab initio* 法と呼んでいるのに対し，周期系について**密度汎関数法**（density functional theory）を用いた計算のことを，第一原理計算と呼ぶことが多い．それでは，

第一原理計算の説明をする前に，まずこの密度汎関数法について概説することにしよう。

多電子系の波動方程式を解くためには，3.5節で示したようなハートリー近似，もしくはハートリー-フォック近似などの方法を用いる場合が多いが，ハートリー-フォック近似において，1電子波動方程式の中の1電子ハミルトニアンに含まれる交換ポテンシャル（式 (3.51)）が非常に複雑な積分を要するため，スレーター（J.C. Slater, 1900-1976）は，それを自由電子系に当てはめて簡略化した。自由電子モデルにおける電子の波動関数は，式 (6.9) および式 (6.13) で示したように，平面波で表すことができ，それを用いて交換ポテンシャルを求めると

$$V_{ex}(\boldsymbol{r}) = -3\left(\frac{3}{4\pi}\rho\right)^{1/3} \tag{6.33}$$

となる。自由電子モデルでは，空間的に電子の分布は一様となるので，電荷密度 ρ は定数である。この定式化された交換ポテンシャルにおいて，電荷密度 ρ が位置 $\boldsymbol{r}$ によって変化する関数である，すなわち $\rho(\boldsymbol{r})$ とみなすことによって，自由電子モデル以外の系に対しても適用し

$$V_{ex}(\boldsymbol{r}) = -3\left(\frac{3}{4\pi}\rho(\boldsymbol{r})\right)^{1/3} \tag{6.34}$$

で表すことにした。さらに，スレーターは，式 (6.34) の交換ポテンシャルに，パラメータとなる係数 α を掛けたもの，すなわち

$$V_{ex}(\boldsymbol{r}) = -3\alpha\left(\frac{3}{4\pi}\rho(\boldsymbol{r})\right)^{1/3} \tag{6.35}$$

により，さらに精度良く計算が実行できる場合があることを見いだした。係数のパラメータ α は自由電子ガスモデルでは 2/3 になる。このように交換ポテンシャルを電荷密度の 1/3 乗に比例する形で表す近似法を**ハートリー-フォック-スレーター**（Harfree-Fock-Slater）**近似**という。式 (6.35) の係数に α があることから，この近似法を **Xα 法**と呼ぶこともある。

その後，1964 年にホーヘンベルグ（P.Hohenberg）とコーン（W.Kohn）が，

外部ポテンシャル（ここでは，原子核からのポテンシャルに相当する）と基底状態における波動関数は，電荷密度 $\rho(r)$ を与えると一義的に決まり，かつ正しい基底状態の $\rho(r)$ に対して，基底状態のエネルギーが最小となるような汎関数が存在することを証明した．さらに，翌年（1965年）にコーンとシャム（L.J.Sham）が，この汎関数を次式で表すことにした．

$$F[\rho(r)] = T_S[\rho] + \frac{1}{2}\iint \frac{\rho(r)\rho(r')}{|r-r'|}dvdv' + E_{XC}(\rho) \quad (6.36)$$

$T_S[\rho]$ は系の運動エネルギー，第2項は電子間のクーロンポテンシャル，$E_{XC}(\rho)$ は交換相関ポテンシャルである．したがって，$E_{XC}(\rho)$ がわかれば，1電子シュレーディンガー方程式が得られることになる．

孤立系に対する量子化学計算では，ハートリー–フォック法が中心的に用いられている一方で，密度汎関数法は，おもに固体の電子状態を計算に用いる第一原理計算法において用いられている近似法である．

具体的に第一原理計算を行う方法は多数存在するが，大別すると，すべての電子の波動関数をあらわに取り扱う**全電子**（all electron : AE）**法**と，内殻の電子をポテンシャルで置き換えて価電子帯と伝導帯の波動関数のみを計算する**擬ポテンシャル**（pseudo-potential）**法**とに分類することができる．歴史的には，1930年代にスレーターが考案した**補強された平面波**（augmented plane wave : APW）**法**に始まり，その後，**直交化された平面波**（orthogonalized plane wave : OPW）**法**や，グリーン関数を用いた**KKR法**[†]，**タイトバインディング**（tight-binding : TB）**法**，擬ポテンシャル法などのさまざまな計算法が開発されていった．特に，計算機の発展およびコーン–シャム方程式による密度汎関数法の発展以降，急速に発展を遂げることとなった．各方法に関する詳述に関しては本書の目的から外れるので詳述を避けるが，各方法とも本質的には，周期境界条件のもとで，多電子系の波動方程式を，平均場近似のもとで解くことによって，結晶の電子状態や全電子系のエネルギーを求めるものであ

[†] 3名（Korringa, Kohn, Rostoker）の頭文字からこの呼び方になっている．

り，それを効率良く，もしくは精度良く，もしくはその双方をバランス良く得るために，それぞれの方法において工夫がなされているのである．

6.5　固体の電子状態の見方

本章では，固体の電子状態の考え方について，自由電子モデル，ほぼ自由な電子モデルを出発点として，多電子系のシュレーディンガー方程式を1電子近似の範囲内で，経験的なパラメータを用いないで解く第一原理計算法について説明してきた．ここでは，具体的な結晶の電子状態について，第一原理計算を用いた結果を見ていくことにしよう．まず，具体的な物質の電子状態を考える前に，固体の電子状態を考えるのに有用である，以下の三つの方法について整理しておこう．

1）　箱形バンド図　　**箱形バンド図**は，原子や分子などに用いたエネルギー準位図と基本的に同じものであるが，孤立系（非周期系）の物質の場合には，各軌道のエネルギー固有値は離散的な値をとるが，固体においては，k空間でほぼ連続的とみなせるエネルギーをとることができる．そこで，軌道のエネルギー固有値がほぼ連続的なエネルギーをとる範囲のことを**帯**（バンド：band）と呼び，それを長方形の箱で表しているのが**箱形バンド図**である．この図は，孤立系のエネルギー準位図と同じく，縦軸のエネルギー一次元の図である[†]．

箱形バンド図の例として，**図6.9**に金属（metal）と絶縁体（insulator）の

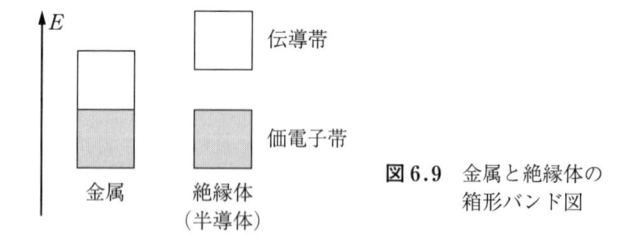

図6.9　金属と絶縁体の箱形バンド図

[†]　表面における電子状態の変化や，半導体におけるpn接合などを説明する場合などに，エネルギーと位置の二次元の図とする場合もある．

場合を示す.金属では,バンドの途中のフェルミ準位まで電子が占有されており,フェルミ準位より上のバンドには電子が占有されていない.一方,絶縁体においては,電子が占有されているバンドの上端から間を空けて,電子の占有していないバンドが形成されている.ほぼ自由な電子モデルの説明で示したように,このバンドが存在していない部分を**禁制帯**という.この図からもわかるように,金属にはフェルミ準位付近に禁制帯が存在していない.フェルミ準位を境にして,それより深いところで電子が占有されているバンドを**価電子帯**(valence band:VB)といい,また,フェルミ準位より上で,電子が占有されていないバンドを**伝導帯**(conduction band:CB)という.絶縁体においては,フェルミ準位は禁制帯の中心に位置する.

前述のとおり,電子の占有様式はフェルミ–ディラック分布に従うものと考えられるので,図 6.5 に示した自由電子モデルの場合と同様に,金属においては,温度を与えることにより,価電子帯にある電子の一部は,伝導帯に容易に移動し得ることになり,その電子が金属に電気伝導性を与えることになる.また,絶縁体と半導体には基本的に区別はないが,禁制帯の幅が小さく,温度が上昇することによって,容易に価電子帯の電子が伝導帯に熱励起されることができるもの,すなわち禁制帯の幅が小さいものを一般的に半導体(semiconductor)と呼んでいる.

半導体工学の分野においては,不純物もしくは添加元素などに起因する欠陥によって,電子状態が変化する現象を利用しているので,その分野では,箱形バンド図が頻繁に用いられている.この表記法は定性的な理解には,たいへん便利な方法であるが,以下に示す k 空間での分散関係や状態数(波動関数の数)に関する情報がないため,物質の詳細な電子状態については,この表記法だけでは十分な議論は難しいであろう.

2) E-k 図(分散関係) 横軸に波数 k,縦軸にエネルギー E をとって,k 空間におけるエネルギー固有値をプロットした分散関係を,**E-k 曲線**もしくは **E-k 図**と呼ぶ.自由電子モデル,ほぼ自由な電子モデルにおいては,それぞれ図 6.2 と図 6.7 に示したような k 空間における分散関係が得られる.こ

れらの図は，共に**拡張ゾーン方式**でプロットしたものであり，E-k 図の表し方には，他に**還元ゾーン方式**，**繰返しゾーン方式**などがある。

図 6.10 にこれらの三つの方式で自由電子モデルの E-k 曲線をプロットした。拡張ゾーン方式でプロットしたものを，図中に矢印で示したように，第 1 ブリュアンゾーンに相当する $-\pi/a$ から π/a の範囲内に折り返して，その範囲だけを示したものが還元ゾーン方式である。また，還元ゾーン方式で示したものを，そのまま第 2, 第 3, …ブリュアンゾーンに繰り返して示したものが繰返しゾーン方式である。結晶の周期性を考えれば，第 1 ブリュアンゾーン内を考えることによって，結晶中のすべての状態が表されるので，三つの表現法で示した E-k 図はすべて等価なものであることに再度注意されたい。

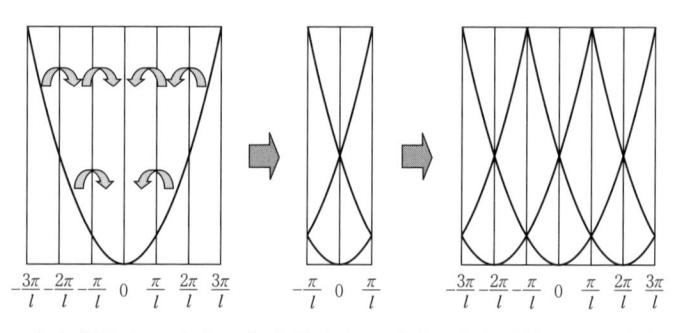

（a）拡張ゾーン方式　（b）還元ゾーン方式　（c）繰返しゾーン方式

図 6.10　自由電子モデルの E-k 図

E-k 図の見方については，あとで具体的な例を使って詳述するが，おもに以下の三つの情報に着目すべきである。

 i) 禁制帯の有無，および禁制帯がある場合には，禁制帯の幅
 ii) 禁制帯がある場合，価電子帯の最大値と伝導帯の最小値が存在する k の位置
iii) バンド分散の曲率

これらのそれぞれから，i) 金属，絶縁体の区別および禁制帯の幅（**バンドギャップ**という），ii) 光吸収特性，iii) 電気伝導度，に関する基礎的な知見が

6.5 固体の電子状態の見方

ただちに得られる。

3) 状態密度図　自由電子モデルにおいては状態密度 $D(E)$ は，放物線の形であることを示した（図6.3）。孤立系の原子や分子，クラスターなどに対して行う分子軌道計算では，それぞれの分子軌道のエネルギー固有値は離散的な値をとり，それぞれの分子軌道の構成成分はマリケン（Mulliken）の軌道成分解析の方法などを用いて知り得ることができた。ここでは具体的な計算法に関する詳述は避けるが，状態密度についても，各原子に投影（project）することで，各原子の成分，さらには各原子軌道の成分に分けることができる。このように原子や原子軌道に投影した状態密度（projected density of states：*pro*-DOS）のうち，各原子に割り当てた状態密度を**局所状態密度**（local density of states：LDOS）といい，さらにそれを各原子軌道に割り当てたものを**局所部分状態密度**（local partial density of states：LPDOS），もしくは単に**部分状態密度**（partial density of states：PDOS）という。種々の物性を決める重要な部分は，価電子帯上端と伝導帯下端付近に集中しているので，その部分の *pro*-DOS，LDOS，(L) PDOS を議論することにより，物性に関する理解を深めることができる。

それでは，金属，半導体，絶縁体の例として，それぞれ Al（金属），Si（半導体），MgO（絶縁体）の電子状態を，1) 箱形バンド図，2) E-k 図，3) 状態密度図を示して，具体的な物質の電子状態の見方について説明しよう。

まず，それぞれの箱形バンド図を見てみよう（**図6.11**）。前述のとおり，あ

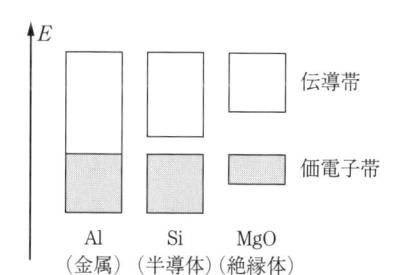

図6.11 Al，Si，MgO の箱形バンド図

くまでも箱形バンド図は，模式的に情報を提供するだけであり，得られる情報は限られている。これら三つの電子状態についていえば，Alは金属であり，SiとMgOには禁制帯があり，SiよりもMgOのほうが禁制帯の幅が広いことがわかるという結論を得るのが限界である。

それでは，それぞれのE-k図を見てみよう（図6.12）。これらの図は，すべて平面波を基底関数とした擬ポテンシャル法を用いた第一原理計算による結果であり，価電子帯の上端（valence band maximum：VBM）のエネルギーが0となるようにプロットしたものである。箱形バンド図と同じように，E-k図からも禁制帯の有無，そして禁制帯が存在する場合には，禁制帯の幅（大きさ）を読み取ることができる。Alでは，フェルミ準位近傍のバンド分散が複雑に入れ込んでおり，金属に特徴的な分散関係を示しているといえるだろう。

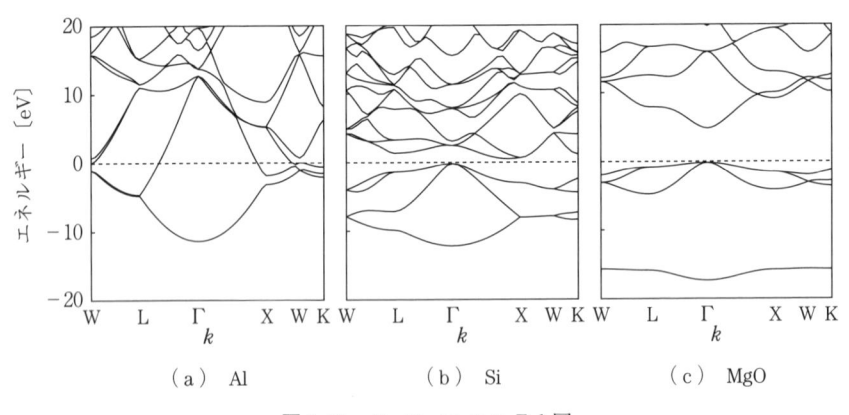

(a) Al　　(b) Si　　(c) MgO

図6.12　Al，Si，MgOのE-k図

つぎに，SiのE-k図を見てみると，価電子帯の上端はΓ点[†]であるが，伝導帯下端はX点となっている。一方，MgOにおいては，価電子帯上端および伝導帯下端は，共にΓ点である。Siのように，価電子帯上端と伝導帯下端のkが異なるような分散関係を**間接遷移形バンド構造**と呼び，MgOのように両者が一致するものを**直接遷移形バンド構造**と呼ぶ。光吸収による電子の励起が価

[†] k空間において $(0,0,0)$ がΓ点である。

電子帯から伝導帯の間で起こる場合，同じ波数 k での遷移に比べて k が異なる場合は，桁違いに遷移確率が小さくなるので，禁制帯のエネルギー幅を見積もる場合には，どちらのタイプのバンド構造であるか，そして同じ k に対する禁制帯幅（direct band gap）を考えるのか，それとも Si のような k の異なる最小の禁制帯幅を考えているのかによって，まったく異なる議論になる。

最後に，三つの物質の状態密度を比較みよう（**図 6.13**）。Al の状態密度は，自由電子モデルによって表される放物線に類似した形であることが見て取れるであろう。一方，Si や MgO の状態密度は，自由電子モデルのそれとは大きく異なっている。また，これまでの箱形バンド図，E-k 図で見られたように，Al では価電子帯と伝導帯の間に禁制帯は見られず，状態密度が連続的に変化しているのに対して，Si や MgO では価電子帯と伝導帯の間に禁制帯が見られる。また，禁制帯幅についても，Si より MgO のほうが大きいことが見て取れるであろう。

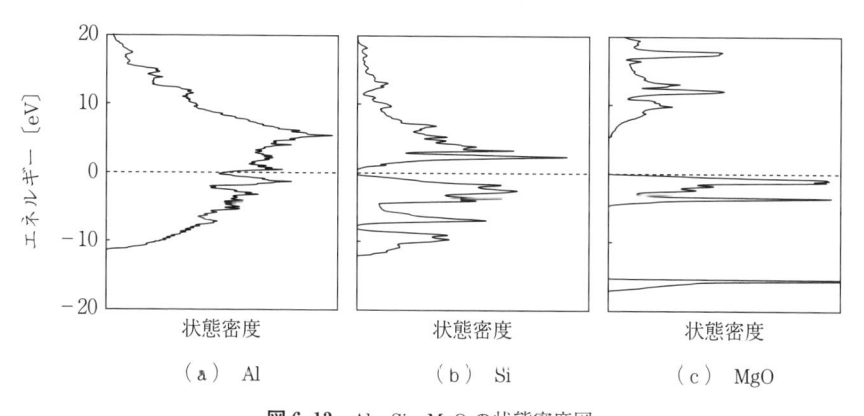

図 6.13 Al, Si, MgO の状態密度図

さらに，MgO の状態密度を構成原子の各原子軌道に割り当てた局所部分状態密度（LPDOS）を見てみよう（**図 6.14**）。図の一番左側が全状態密度であり，順に Mg の s, p 軌道成分，O の s, p 軌道成分の順にプロットしてある。また，この図において縦軸のエネルギーは価電子帯の上端を 0 としてある。深い準位から順に，全状態密度と LPDOS を見比べてみよう。まず，最も深い−

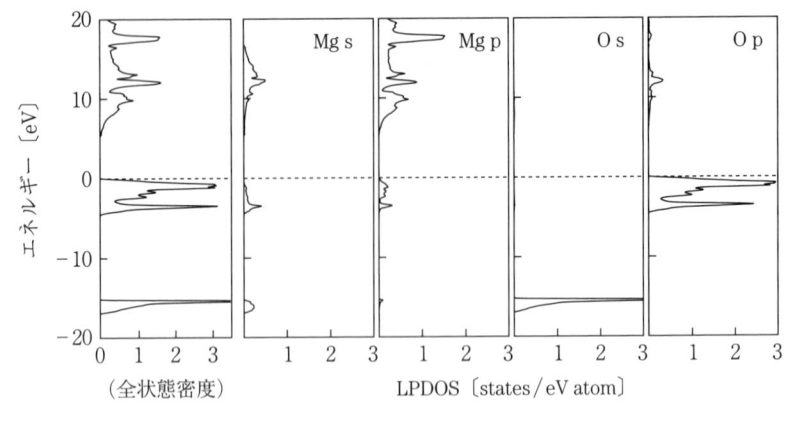

図6.14 MgOの局所部分状態密度（LPDOS）

16eV付近のDOSの主成分はOのs軌道成分であることが，両者の比較からはっきりと見て取れるであろう．同様に，価電子帯上端付近のDOSの主成分がOのp成分であること，伝導帯はMgのsとp軌道成分に，若干Oのp軌道成分が混ざった形で構成されていることがわかるであろう．このように，全状態密度を構成原子の原子軌道成分まで分解して考えることは，ちょうど分子軌道計算における軌道成分解析に相当し，結晶中の電子状態に関しても化学結合の考え方を適用することが可能となるのである．

　以上をまとめると，概念的な説明を行う場合や，表面や界面などについて考える際に二次元（エネルギーと位置）でプロットした場合には，箱形バンド図が有効なこともあるが，物性を理解するうえでは，DOSとE-k図を組み合わせてみるのが，最も電子状態を理解しやすいうえに，最も多い情報を得ることが可能であろう．

6章のまとめ

固体（結晶）の電子状態 → 周期境界条件

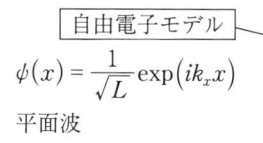

自由電子モデル
$$\phi(x) = \frac{1}{\sqrt{L}}\exp(ik_x x)$$
平面波

$$E = \frac{\hbar k^2}{2m}$$

放物線

ほぼ自由な電子モデル

$k = \dfrac{n\pi}{l}$ にギャップ

（ブラッグ回折）

$\phi(x) = u(x)\exp(ik_x x)$：ブロッホ関数

電子状態の表し方

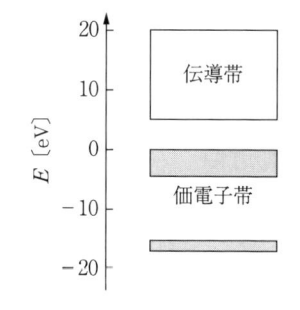

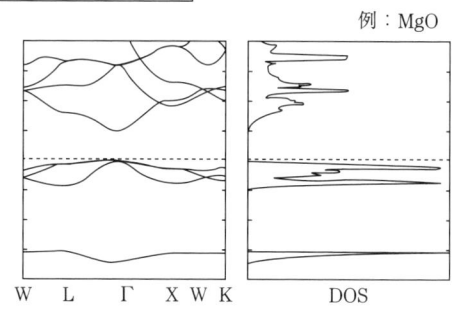

例：MgO

箱形バンド図　　　　E-k 図　　　　状態密度図

フェルミ-ディラック分布
$$f(E) = \frac{1}{\exp\left(\dfrac{E-\mu}{k_B T}\right)+1}$$

状態密度に掛けて有限温度での電子の占有状態を表す

7. 電子の遷移

物質の電子状態を実験的に知るためには，分光実験によるスペクトル測定が最も有効である。分光実験による電子状態の解析として最も古いものは，3章で示したバルマーによる水素のスペクトルの解析である。8章で具体的な分光実験による物質の電子状態解析について詳述するが，そこで用いる電子の遷移に関する考え方の基礎を本章で取り扱うことにする。これらの分光実験の結果を理解するためには，電子がある軌道から異なる軌道へ遷移する場合の取扱いについて理解する必要がある。ここでは，その確率，すなわち遷移確率の求め方について，時間に依存する摂動近似を用いた考え方を説明することにしよう[†]。

7.1 時間に依存する摂動近似

ここまでは，定常状態のみを取り扱ってきたが，電子の遷移を考えるためには，時間に依存するシュレーディンガー方程式

$$\hat{H}\phi(x, y, z, t) = -\frac{\hbar}{i}\frac{\partial}{\partial t}\phi(x, y, z, t) \tag{7.1}$$

を考えなければならない。ここで，もし $\hat{H}$ が時間を含まないとすると，上式の解は

$$\phi_n(x, y, z, t) = u_n(x, y, z)\exp\left(-i\frac{E_n}{\hbar}t\right) \tag{7.2}$$

の形に変数分離することができ，エネルギー固有値 E_1, E_2, …に対する固有

[†] ここでは，分光実験の理解のために，摂動近似を用いた遷移確率の考え方と結論を概説することにとどめるので，この範囲に関する詳細な説明については，量子力学の参考書を参照されたい。

関数 u_1, u_2, … も求まる。つまり，E_1, E_2, … と，u_1, u_2, … は

$$\left.\begin{array}{l}\hat{H}u_1 = E_1 u_1 \\ \hat{H}u_2 = E_2 u_2 \\ \quad\vdots \end{array}\right\} \tag{7.3}$$

を満たす。ところで，すべての u_n が式 (7.1) を満たすので，それらの線形結合である

$$\phi(x, y, z, t) = \sum_n C_n \phi_n = \sum_n C_n u_n(x, y, z) \exp\left(-i\frac{E_n}{\hbar}t\right) \tag{7.4}$$

も式 (7.1) を満たすことになる。ここで，C_n は定数である。いま，$\hat{H}$ に比べて弱い作用 $\hat{H}'$（摂動）が加わった場合を考える。摂動が加わったときの波動方程式は

$$\left(\hat{H} + \hat{H}'\right)\phi(x, y, z, t) = -\frac{\hbar}{i}\frac{\partial}{\partial t}\phi(x, y, z, t) \tag{7.5}$$

で表される。このとき，式 (7.4) はそのままでは成り立たないが，定数 C_n を時間の関数 $C_n(t)$ であるとみなして

$$\phi(x, y, z, t) = \sum_n C_n(t) u_n(x, y, z) \exp\left(-i\frac{E_n}{\hbar}t\right) \tag{7.6}$$

として，この $C_n(t)$ を求めることによって，$\phi(x, y, z, t)$ が求められる。式 (7.6) を式 (7.5) に代入して，さらに，左から u_f^* を掛けて全空間で積分すると

$$\dot{C}_f(t) = -\frac{i}{\hbar}\sum_n C_n(t) \langle u_f | \hat{H}' | u_n \rangle \exp\left(i\frac{E_f - E_n}{\hbar}t\right) \tag{7.7}$$

となる。ここで

$$\langle u_m | \hat{H}' | u_n \rangle = \int u_m^* \hat{H}' u_n d\tau \tag{7.8}$$

で表すことにした。$t = 0$ において $u_i(x, y, z)$ の状態にあるものとして

$$\phi(x, y, z, 0) = u_i(x, y, z) \tag{7.9}$$

とすると

$$C_i(0) = 1, \quad C_n(0) = 0 \quad (n \neq i) \tag{7.10}$$

である。ここで，i は始状態（initial state）を，f は終状態（final state）を表している。時間の経過に従って，$C_i(t)$ と $C_n(t)$ は $t=0$ のときとは，それぞれ異なる値をとることになるが，t が十分に小さい間は

$$C_i(t) = 1, \quad C_n(t) = 0 \quad (n \neq i) \tag{7.11}$$

であると近似することにする。すなわち，そのまま状態 $u_i(x, y, z)$ にとどまっているものとする。この近似によって式 (7.7) は

$$\dot{C}_f(t) = -\frac{i}{\hbar} \exp(i\omega_{fi} t) \langle u_f | \hat{H}' | u_i \rangle \tag{7.12}$$

で表すことができる。ここで

$$\omega_{fi} = \frac{E_f - E_i}{\hbar} \tag{7.13}$$

と置いた。これを t について積分することによって

$$C_f(t) = \frac{1 - \exp(i\omega_{fi} t)}{\hbar \omega_{fi}} \langle u_f | \hat{H}' | u_i \rangle \tag{7.14}$$

が得られる。式 (7.14) を 2 乗したもの，すなわち

$$|C_f(t)|^2 = \left(\frac{2 \sin \frac{\omega_{fi} t}{2}}{\hbar \omega_{fi}} \right)^2 |\langle u_f | \hat{H}' | u_i \rangle|^2 \tag{7.15}$$

が時刻 t において状態 f に存在する確率を表している。以上をまとめると，時間に依存する摂動近似を用いることにより，始状態 i にあったものが終状態 f に，時刻 t において遷移している確率，すなわち二つの定常状態間（$i \to f$）の**遷移確率**（transition probability）は，式 (7.15) の形で表すことができる。

7.2 光の吸収と放出

ここでは，前節で説明した時間に依存する摂動近似によって求めた遷移確率に関する考え方を用いて，光を照射したことによって，電子の遷移が起こる場合，すなわち，光の吸収と放出について，その遷移確率を考えることにしよ

う。光は，電磁波の一種であり，本来は電磁場を量子化して，光を光子として扱う必要があるが，ここでは，光を古典的な振動電場であると考えることにして

$$E_0 \cos \omega t \tag{7.16}$$

で表すことにする。いま，振動電場の向きを z 軸とすると，電子が受けるポテンシャルは

$$\hat{H}' = ezE_0 \cos \omega t \tag{7.17}$$

で表される。ここで，オイラー (Euler) の公式を用いて，式 (7.17) を

$$\hat{H}' = ezE_0 \frac{e^{i\omega t} + e^{-i\omega t}}{2} \tag{7.18}$$

で表すことにする。いま，光による振動電場によって，光の吸収や放出が起こるものと考えているので，式 (7.18) を摂動項として，式 (7.12) に代入して積分を実行することにより

$$C_f(t) = \frac{eE_0}{2}\left[\frac{1-\exp\{i(\omega_{fi}+\omega)t\}}{\hbar(\omega_{fi}+\omega)} + \frac{1-\exp\{i(\omega_{fi}-\omega)t\}}{\hbar(\omega_{fi}-\omega)}\right]\langle u_f|z|u_i\rangle \tag{7.19}$$

を得る。したがって，式 (7.19) の絶対値を2乗したものが，光による振動電場によって電子が状態 i から f へ遷移する確率を表すことになる。

ここで，光の吸収について具体的に考えてみることにしよう。光を吸収する場合には，始状態のエネルギー E_i に対して終状態のエネルギー E_f のほうが大きくなるので，$\omega_{fi} > 0$ のときを考える。式 (7.19) において，$\omega_{fi} > 0$ のときには，積分の係数である [ ] 内の第1項は0に向かい，第2項のみが効いてくるので，第2項のみをとったときの式 (7.19) の2乗を考えると

$$|C_f(t)|^2 = \frac{e^2 E_0^2}{4}\left[\frac{2\sin(\omega_{fi}-\omega-h\omega)t/2\hbar}{\omega_{fi}-\omega}\right]^2 |\langle u_f|z|u_i\rangle|^2 \tag{7.20}$$

で表される。式 (7.20) のうち，積分の係数である [ ]^2 を図示したものが**図 7.1** である。

通常の X 線や可視光程度の波長の光の吸収などを考える場合には，図のピー

130   7. 電子の遷移

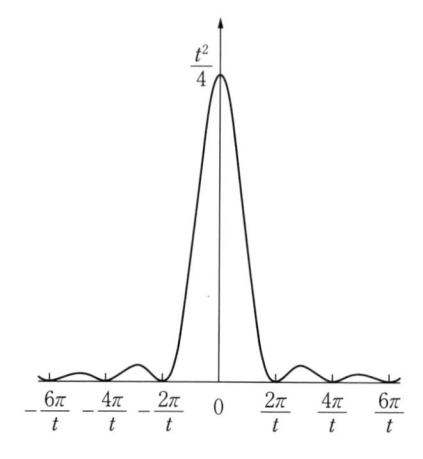

図 7.1 式 (7.20) の積分の係数部の概形

クの幅が非常に小さい状況を考えることになるので，デルタ関数を用いて，近似的に表すことが可能である．つまり，式 (7.20) を

$$\left|C_f(t)\right|^2 = \frac{\pi e^2 E_0^2}{2\hbar^2}\left|\langle u_f|z|u_i\rangle\right|^2 t\delta(\omega-\omega_{fi}) \tag{7.21}$$

で表すことができる．この式より，単位時間当りの光の吸収確率（状態 i から f への遷移確率）は

$$\left|C_f(t)\right|^2 = \frac{\pi e^2 E_0^2}{2\hbar^2}\left|\langle u_f|z|u_i\rangle\right|^2 \delta(\omega-\omega_{fi}) \tag{7.22}$$

で表すことができる．遷移確率を式 (7.22) の形で表すことを，**フェルミの黄金律**（Fermi's golden rule）という．

つぎに，光の放出について考えると，光の吸収とは逆に $\omega_{fi}<0$ となる．したがって，今度は式 (7.19) の第 1 項が効いてくることになるが，結果としては式 (7.22) と同じものが得られる．

さて，実際に原子による光の吸収と放出について考えてみることにしよう．すなわち，原子に光を照射したときに，原子軌道間の電子の遷移確率を求めることになる．ここでは，解析的に原子軌道関数を求めることができる水素類似形の波動関数を用いて議論することにしよう．水素類似原子内の電子の波動関数は，3 章で述べたとおり，動径関数 $R_{n,l}(r)$ と角関数 $Y_{l,m}(\theta,\phi)$ の積で表

すことができる。いま、照射している光を z 方向に振動する古典的電磁波と考えているので、この波動関数に対して

$$|\langle u_f | z | u_i \rangle|^2 \tag{7.23}$$

が 0 となる場合は、遷移確率が 0 となることを意味する。式 (7.23) の値が 0 でない有限の値となる条件について考えると[†]、遷移前後の方位量子数 l および磁気量子数 m の差 Δl と Δm が

$$\Delta l = \pm 1, \quad \Delta m = 0, \pm 1 \tag{7.24}$$

の条件をともに満たすときのみ、式 (7.23) が 0 でない有限の値を持ち得ることになる。式 (7.24) の条件のことを**電気双極子近似における選択規則**（electric dipole selection rule）という。選択規則によって遷移が許される遷移、すなわち式 (7.24) の条件を満たす遷移のことを**許容遷移**（arrowed transition）、式 (7.24) の条件を満たさない遷移のことを**禁制遷移**（forbidden transition）という。例えば、2p 軌道から 1s 軌道への遷移は、$\Delta l = -1$, $\Delta m = 0$, ± 1 になるので許容遷移であるが、2s 軌道から 1s 軌道への遷移は $\Delta l = 0$ のため禁制遷移となる。

[†] たいへん複雑な計算を必要とするので、ここでは、詳しい計算は割愛し、結果のみ記す。計算の詳細は量子力学の参考書を参照されたい。

7章のまとめ

時間に依存するシュレーディンガー方程式

$$\hat{H}\phi(x,y,z,t) = -\frac{\hbar}{i}\frac{\partial}{\partial t}\phi(x,y,z,t)$$

時間に依存する摂動近似

$$(\hat{H}+\hat{H'})\phi(x,y,z,t) = -\frac{\hbar}{i}\frac{\partial}{\partial t}\phi(x,y,z,t)$$

摂動項 → これ（外的作用）によって電子遷移が起こると考える

電子の遷移確率＝確率振幅の2乗

$$\left|C_f(t)\right|^2 = \left(\frac{2\sin\frac{\omega_{fi}t}{2}}{\hbar\omega_{fi}}\right)^2 \left|\langle u_f|\hat{H'}|u_i\rangle\right|^2$$

光の吸収, 放出 → フェルミの黄金律

単位時間当りの $u_i \rightarrow u_f$ の遷移確率 $\propto \left|\langle u_f|r|u_i\rangle\right|^2 \delta(\omega-\omega_{fi})$

電気双極子近似における選択規則

$\Delta l = \pm 1 \Rightarrow s \rightarrow p, \quad p \rightarrow s,d, \quad d \rightarrow p,f$

8. スペクトロスコピーへの応用

　本書では，量子力学を用いて孤立系である原子，分子，クラスターならびに周期系である結晶の電子状態を考える方法について示してきた．また，それらに加えて，7章では量子力学を用いた電子の遷移確率に関する考え方について説明した．実際に，実験を通して物質の電子状態をみるのに有効な手法が，電子の遷移を伴う**分光実験**（**スペクトロスコピー**：spectroscopy）である．本章では，これまでに説明した理論をスペクトロスコピーに応用する方法について，具体的な実験データを用いて説明していくことにする．

　物質の電子状態を観測するためには，**図 8.1** に示すように，光や加速した電子，イオンなどを探針（プローブ）として試料に照射して，その試料との相互作用の結果として試料から放出されるもの（観測対象）を観測する．プローブとなる入射線の一部は，試料と相互作用せずに，そのままその試料を通り抜けるが，入射線が試料と相互作用した場合には，光，電子，イオンなどが放出される．プローブと観測対象を選択することによって，得られる情報が異なるので，それらを必要に応じて決定すればよい．

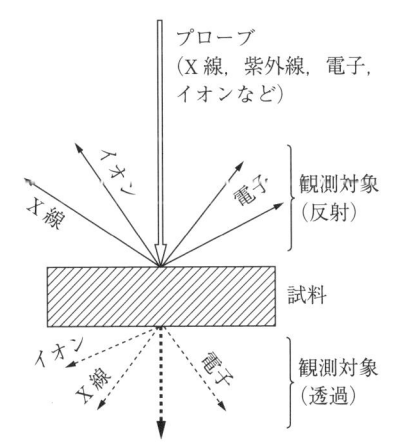

図 8.1 プローブと観測対象

以下に，電子状態解析を目的とする測定法と，それらの方法を用いた具体的な測定結果を示しながら，実験的電子状態解析の実際を見ていくことにしよう。なお，以下で紹介する実験では，すべて固体試料に対する解析例を示しているので，以下の説明では，化学結合に関与している占有軌道のことをまとめて価電子帯と呼ぶことにする。

8.1 光電子分光

光を試料に照射することによって，試料中の電子が電離されて試料から放出されるとき，その電離した電子のことを**光電子**（photoelectron）と呼び，光電子のエネルギー E_{PE} は

$$E_{PE} = \left| h\nu - E_{bin} - \phi \right| \tag{8.1}$$

で表される。ここで，$h\nu$ は照射した光のエネルギー，E_{bin} は電子の結合エネルギー，ϕ は測定装置の仕事関数である。したがって，この式より，光電子の運動エネルギーを測定することによって，電離前の電子の結合エネルギーを知ることができる。各軌道のエネルギーは各元素固有の値となることから，**光電子分光**（photoemission spectroscopy）によって元素分析が可能である。

光電子分光では，観測対象が電子であり，電子は固体中においてはクーロン相互作用を受けやすいため，固体表面から脱出できる深さが数 nm に限られる。そのため，光電子分光法は表面の元素分析に広く用いられている。光電子分光法では，**図 8.2** に示すような装置を用いるのが一般的である。試料に単

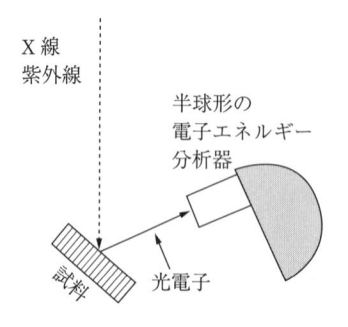

図 8.2 光電子分光法

色化したX線もしくは紫外線を照射し，試料表面から放出される電子を半球形の電子エネルギー分析器を通して，光電子の運動エネルギーを測定する．励起光源としてX線を用いる場合を**X線光電子分光**（X-ray photoemission spectroscopy：**XPS**），紫外線を用いる場合を**紫外光電子分光**（ultraviolet photoemission spectroscopy：**UPS**）と呼び，目的に従って使い分けられている．UPSでは，光電子のエネルギーが小さいので，光電子の波動関数を表現するのが困難であり，スペクトルの解析が複雑となる場合が多い．本書では，XPSについてのみ説明することにする．

ここでさらに，結合エネルギーについて考えておこう．ハートリー–フォック（Hartree-Fock）法においては**クープマンズの定理**（Koopmans' theorem）が成り立つことから，1電子シュレーディンガー方程式から得られる，それぞれの電子のエネルギー固有値そのものが，それぞれの電子の結合エネルギーとなる．しかし，$X\alpha$法や密度汎関数法などを用いた場合には，クープマンズの定理が成り立たない．そこで，$X\alpha$法や密度汎関数法を用いた場合には，スレーターによって提案された**遷移状態法**（transition state method）を用いることによって，各軌道の結合エネルギーを求めることができる．ここで，スレーターの考えた遷移状態とは，結合エネルギーを求めたい軌道の電子数を0.5個分だけ減じた計算を行い，その結果得られたその軌道のエネルギー固有値を結合エネルギーとするという方法である．

それでは，実際に測定したXPSスペクトルと，それらから引き出すことが可能な電子状態に関する情報について考えていくことにしよう．

8.1.1　SiO_2の価電子帯XPSスペクトル

まず，価電子帯の電子を直接電離して得られるXPSスペクトルについて見てみることにしよう．後述のX線発光やX線吸収の場合とは異なって，価電子帯の電子はX線照射によって，量子数に制限を受けることなく電離することが可能である．したがって，価電子帯のXPSスペクトルは価電子帯の全状態密度が反映されたものとなる．しかし，価電子帯のXPSスペクトルの形状

が価電子帯の全状態密度として,そのまま観測されるわけではなく,全状態密度を分解して局所部分状態密度(LPDOS)にしたうえで,それぞれの原子軌道成分に対する電離確率を考える必要がある。価電子帯のXPSスペクトルの解析を行うためには,以下に示すような式に基づいて計算スペクトルを作成するのが有効である。

$$I_{VB}(E) = \sum_i P_i(h\nu) D_i(E) \tag{8.2}$$

ここで,$I_{VB}(E)$ がエネルギー E における価電子帯XPSスペクトルの強度を示す。また,$P_i(h\nu)$ と $D_i(E)$ は,価電子帯を構成する原子軌道 i 成分の,それぞれエネルギー $h\nu$ の入射X線に対する電離確率と,局所部分状態密度(LPDOS)である。

それでは,式(8.2)を用いた価電子帯XPSスペクトルの解析を試みてみよう。図8.3にAl $K\alpha_1$ 線($h\nu$ = 1 486 eV)を励起源とした SiO_2 の価電子帯XPSスペクトルを示す。SiO_2 において,価電子帯を構成している原子軌道成分は,Siの3sと3p軌道とOの2sと2p軌道なので,これらすべてに対する $P_i(h\nu)$

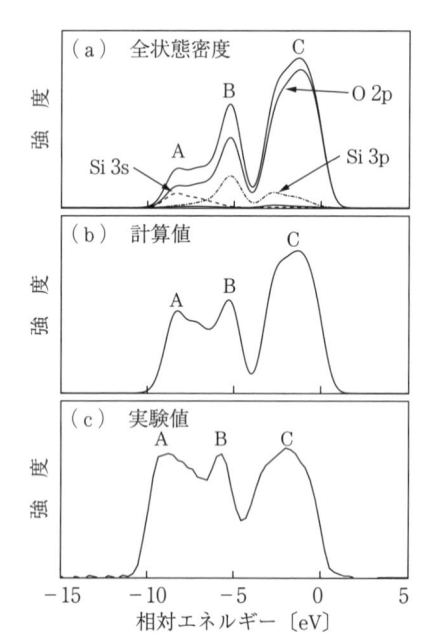

図8.3 SiO_2 の価電子帯XPSスペクトル

と $D_i(E)$ を用いて，価電子帯の計算 XPS スペクトルを作成できる。図（a）に擬ポテンシャル法を用いて計算した α-クオーツ（水晶）の価電子帯の全状態密度を，図（b）に上記の方法で作成した計算スペクトルを示す。これらの比較からもわかるように，式 (8.2) に基づく価電子帯 XPS スペクトル（図（b））は，ピーク C の強度を若干大きく見積もってはいるものの，図（c）に示す実験値の特徴をよく再現できているが，図（a）に示す全状態密度そのものでは価電子帯 XPS スペクトルを再現できないことが確認できる。

8.1.2 Si の内殻 XPS スペクトルの化学シフト

化学結合に関与している価電子帯の電子以外の XPS スペクトル，すなわち内殻の XPS スペクトルの測定から，化学結合に関する情報を引き出す方法について説明しよう。その例として，Si の 2p 内殻 XPS スペクトルについて考えてみよう。**図 8.4** に Si の 2p と 1s の XPS スペクトルを示す。図中の 0 eV 付近の二つのスペクトルが Si の 2p スペクトルであり，4 eV 付近のスペクトルは表面の Si が酸化してできた SiO_2 の Si の 2p スペクトルである。

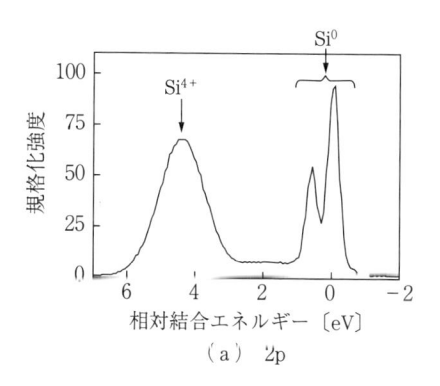

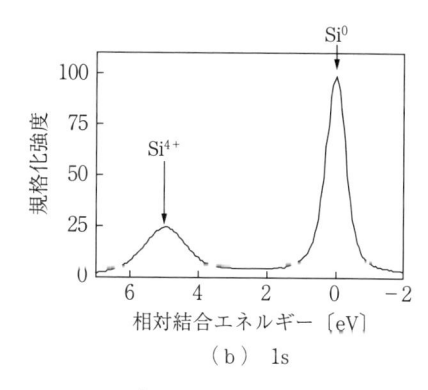

図 8.4 Si の 2p と 1s の XPS スペクトル

ここで，0 eV 付近のピークが二つに分裂しているのは，電子の相対論的運動を考慮に入れることにより，2p 軌道は $2p_{1/2}$ と $2p_{3/2}$ 軌道に分裂し，それぞれの軌道に電子を 2 個，4 個収容することができる。これらの添え字で示した

数字は，**内量子数**と呼ばれるもので，方位量子数とスピン量子数の和の値を示す。$2p_{1/2}$ と $2p_{3/2}$ 軌道は L_2，L_3 軌道とも呼ぶ[†]。

0 eV 付近と 4 eV 付近のピークは共に Si の 2p スペクトルであるにもかかわらず，純粋な Si と酸化物である SiO_2 のように化学的な環境が異なることによって，ピークのエネルギーがシフトしていることになる。このようなスペクトルのエネルギーシフトのことを**化学シフト**（chemical shift）という。

それでは，この化学シフトが起こる原因について考えてみよう。純粋な Si では，それぞれの Si が 3s と 3p 軌道の電子を提供して化学結合を形成していると考えられるが，5.6 節で示したような分子軌道的な考え方のもとに，軌道成分解析を行えば，すべての Si が電子を 14 個ずつ持っていることになる。しかし，SiO_2 においては，Si の 3s と 3p と O の 2s と 2p 軌道が化学結合に関与することになり，電子親和力の違いから，Si から O 側に電子が流れることになるであろう。原子価の表記法を用いれば，Si は 4+ であり，O が 2− であることになるが，実際に軌道成分解析を行うと，それよりは絶対値が小さくなる。しかし，SiO_2 では，純 Si に比べて，Si 上の電子数は少なくなる，つまり 14 より小さい値となる。この場合，電子の数が減少するのは外殻である。

このように，注目している原子の上に存在する電子の数が減少すると，その減少した電子が原子核からのポテンシャルを遮へいしていた分だけ減少することになり，各軌道のエネルギー固有値は深いほうへとシフトすることになる。また，より内殻のほうが遮へい効果の影響を強く受けているために，軌道エネルギーのシフト量は，一般に，より内殻のほうが大きくなる。図 8.4 に Si の 1s スペクトルも示したが，この化学シフト量は 2p のシフト量（約 4eV）より明らかに大きな値となっていることが確認できるであろう。このようにして，直接価電子帯の電子の遷移が関連しなくても，間接的に価電子帯の状態を反映した形で，内殻 XPS スペクトルの化学シフト量から，化学結合に関する情報を引き出すことも可能である。

[†] 2s 軌道が L_1 軌道である。

8.2 蛍光 X 線分光

物質に X 線を照射して，内殻の電子を励起することによって，その物質から発せられる特性 X 線を測定する方法を，**蛍光 X 線分光法**（X-ray fluorescence spectroscopy：**XRF**）という。

X 線は，その発生機構の違いから 2 種類に大別することができ，それぞれ，**連続 X 線**（continuous X-ray），**特性 X 線**（characteristic X-ray）と呼ばれる。荷電粒子が加速度を受けると，電磁波を放出して，エネルギーを失うような現象を**制動放射**と呼ぶが，連続 X 線とは制動放射によって放出される電磁波のうち，X 線領域のエネルギーに相当するものである。

一方，内殻の電子が励起されて電子空孔ができた場合には，その**内殻空孔**（core-hole）を，より外殻の電子が埋めて系全体を安定化させようとする。そのとき，この電子の遷移によって，系全体が"得をする"エネルギーを系外に放出する。そのエネルギーが，電磁波として放出されるものが特性 X 線であり，電子として放出されるのが**オージェ電子**（Auger electron）である。両者の電子の遷移について，始状態と終状態の電子配置を図 8.5 に示す。

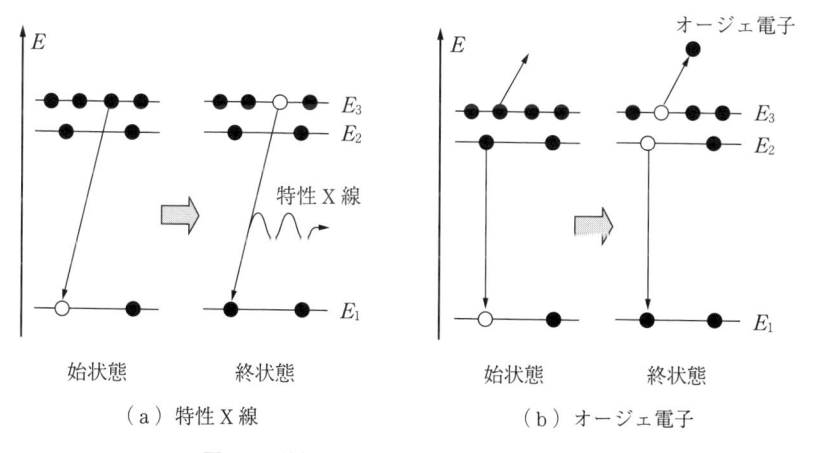

図 8.5　特性 X 線とオージェ電子の放出過程

140   8. スペクトロスコピーへの応用

　特性X線には，電子の遷移元と遷移先の軌道に対応して，図8.6に示すような名称がそれぞれ付けられている。電子が遷移する前の状態，すなわちX線発生の始状態で電子空孔のある殻の名前を用いて，K線，L線，M線，N線，…と分類される。そして，そのあとに α や β などのギリシャ文字，さらにそれらのギリシャ文字のあとに添え字を付けることで，細かく分類している。例えば，$K\alpha_1$ 線は，L_3 から K 殻への電子遷移によって発生するX線であり，$K\text{-}L_3$ 線とも呼ばれる。

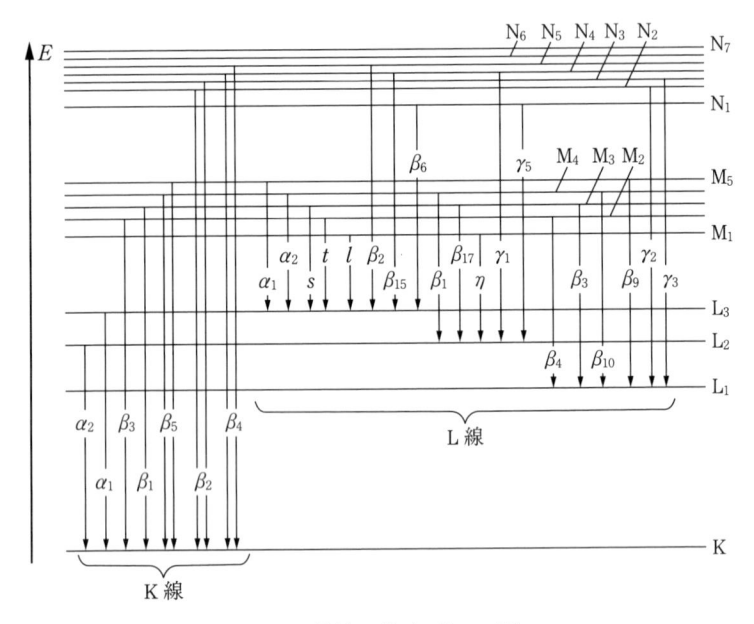

図8.6　特性X線（K線，L線）

　特性X線のエネルギーは，内殻に空孔がある始状態と，その空孔がより外殻の電子によって埋められたあとの，終状態との間の全エネルギーの差として求めることができる。始状態と終状態においては，電子空孔の存在する軌道が異なるので，それに伴ってすべての軌道のエネルギー固有値は変化する。しかし，0次近似的に，電子空孔がどの軌道に存在しても，各軌道のエネルギー固有値は変化しないものとすると，特性X線のエネルギーは遷移前後の軌道の1

電子エネルギー固有値の差として求めることができる．図8.5の場合について，上記の近似を用いると，放出される特性X線のエネルギーEは

$$E = |E_1 - E_3| \tag{8.3}$$

から求めることができる．

　ここで，各軌道のエネルギー固有値は，各元素に固有の値なので，光電子の場合と同様に，特性X線のエネルギーもまた各元素に固有のエネルギーとなる．それゆえ，蛍光X線分光法は，光電子分光法と同様に，元素分析を目的として広く用いられている．ただし，蛍光X線分光法では，励起源と観測対象が共にX線であることから，プローブの侵入深さ，および観測対象の脱出深さが共に大きいため表面の影響を受けにくく，光電子分光法とは異なって固体内部の分析が可能な方法である．

　蛍光X線分光法には，**図8.7**に示すように，対象物質から発生する特性X線を分光する方法の違いにより，**エネルギー分散**（energy dispersive）**形**と**波長分散**（wavelength dispersive）**形**の2種類の測定法がある．前者は，半導体検出器などを用いて多元素を同時に検出することができるため，元素分析の目的で広く用いられるが，一般に検出器のエネルギー分解能が波長分散形に比べて悪いために，詳細なスペクトルの形状から電子状態を議論することが不可能である場合がほとんどである．

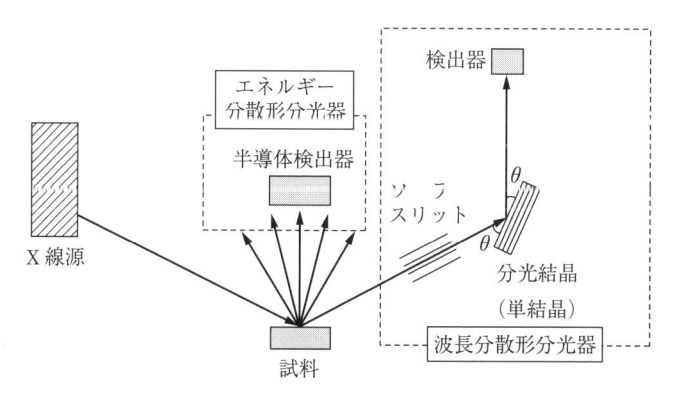

図8.7 蛍光X線分光法

一方，後者の波長分散形の検出器は，対象物質から発生した特性 X 線をソーラースリットを通すことによって平行化して，それを分光結晶に入射させる。そこでブラッグ条件を満たす波長の X 線のみがブラッグ回折し，それを検出器で観測する。波長分散形では，分光結晶を用いるために，立体角が小さくなる上に，分光結晶における回折によって強度が低くなる。このような理由から，波長分散形の蛍光 X 線測定は微量元素分析には不向きであるが[†]，一般にエネルギー分解能はエネルギー分散形に比べて格段によい。

本節では，蛍光 X 線分光法として説明しているが，物質から発生する特性 X 線スペクトルから電子状態分析を行うことを目的とする場合は，物質に照射する励起源は常に X 線でなければならないというわけではなく，加速した電子やイオンを試料に照射して内殻の電子を励起し，それによって発生する特性 X 線を測定することにより，蛍光 X 線分光法と同様に電子状態の解析が可能である。これらの励起源が異なる特性 X 線の測定法を，まとめて**発光 X 線分光法**（X-ray emission spectroscopy：XES）と呼ぶ。ただし，励起源が異なることにより，特性 X 線発生の始状態が異なり，それによってスペクトルの形状が大きく変化する場合があるので，注意が必要である。励起源の違いによるスペクトルの形状変化については，付録 A.2 に記す。

ところで，特性 X 線が発生する際の電子の遷移には，電気双極子遷移を仮定すれば，遷移前後の軌道の量子数に

$$n \neq n_0, \quad \Delta l = l - l_0 = \pm 1 \tag{8.4}$$

という条件が課される。ここで，n, l は遷移する電子が始状態で存在する軌道の，また，n_0, l_0 は始状態で空孔が存在する内殻軌道の，それぞれ主量子数と方位量子数である。

結合に関与する電子の状態に着目して，その状態分析を試みる場合には，価電子帯から内殻空孔への電子の遷移によって発生する特性 X 線に注目する。

価電子帯の波動関数と内殻空孔の波動関数を得ることができれば，両者の軌

[†] 十分に強度が高い光源，例えばシンクロトロン放射光などを用いれば，その限り，すなわち微量元素分析が不可能ではない。

道間の遷移確率は

$$\left|\langle\phi_f|h|\phi_i\rangle\right|^2 \tag{8.5}$$

から求めることができる。ここで，ϕ_i と ϕ_f は遷移前と遷移後の軌道の 1 電子波動関数である。

それでは，価電子帯の電子が内殻空孔を埋めて，特性 X 線を発生する場合の遷移確率の計算方法について考えてみることにしよう。ここでは，議論を簡単にするために，注目する価電子帯の軌道の波動関数を，分子軌道法における LCAO 近似を用いて表すことにし，その軌道は二つの原子 A，B の二つの原子軌道 χ_A, χ_B のみから構成されているものとする。すなわち，注目する価電子帯の軌道の波動関数 ϕ_{VB} が

$$\phi_{VB} = C_A\chi_A + C_B\chi_B \tag{8.6}$$

で表されるものとする。

特性 X 線を放出する過程において，始状態に電子空孔が存在する内殻軌道の波動関数を ϕ_{core} とすると，いま注目している価電子帯の分子軌道からこの内殻軌道への遷移確率は，電気双極子近似を用いれば

$$\left|\langle\phi_{core}|r|\phi_{VB}\rangle\right|^2 \tag{8.7}$$

から求められる。

式 (8.6) で表した分子軌道関数を式 (8.7) に代入すると

$$\begin{aligned}\left|\langle\phi_{core}|r|\phi_{VB}\rangle\right|^2 &= \left|\langle\phi_{core}|r|C_A\chi_A + C_B\chi_B\rangle\right|^2 \\ &= C_A^2\left|\langle\phi_{core}|r|\chi_A\rangle\right|^2 + C_AC_B\langle\phi_{core}|r|\chi_A\rangle\langle\phi_{core}|r|\chi_B\rangle \\ &\quad + C_B^2\left|\langle\phi_{core}|r|\chi_B\rangle\right|^2\end{aligned} \tag{8.8}$$

となる。

さて，内殻空孔は，A，B いずれかの原子に局在しているはずなので，ここで，始状態において，内殻空孔が原子 A にある場合を考えよう。式 (8.8) において，第 1 項以外の項は，$\langle\phi_{core}|r|\chi_B\rangle$ を含み，これは，原子 B から原子 A

の内殻軌道への電子遷移†を意味しており，一般に，第1項に比べて，その値は非常に小さくなる。したがって，式 (8.8) においては第1項のみ，すなわち

$$\left|\langle \phi_{core} | r | \phi_{VB} \rangle\right|^2 = C_A^2 \left|\langle \phi_{core} | r | \chi_A \rangle\right|^2 \tag{8.9}$$

のみを考える近似を施すことがよい近似となる場合が多い。ϕ_{core} は内殻軌道なので，近似的に原子軌道と考えることができる。式 (8.9) は，原子軌道 χ_A にあった電子が原子軌道 ϕ_{core} に遷移する確率に，その原子軌道の LCAO の係数の2乗 C_A^2 を乗じたものを表しているので，原子軌道に対する遷移確率と LCAO の係数がわかればよいことになる。

また，各軌道から内殻空孔への遷移確率が各軌道のエネルギーに依存しないと仮定すれば，遷移確率はその各軌道に存在する電子の数に比例することになる。したがって，電気双極子近似の条件を満たすような，分子軌道法を用いた考え方では軌道成分，また，結晶に対する考え方においては，価電子帯の局所部分状態密度が，特性 X 線スペクトルの形状を近似的に表すことができることになる。

それでは，具体的な例を取り上げて，蛍光 X 線スペクトルの形状と価電子帯の電子状態の関連について見てみよう。

8.2.1 S の Kβ 線スペクトル

硫黄 (S) は原子番号が 16 で，電気的に中性である原子の状態における電子配置は 1s(2), 2s(2), 2p(6), 3s(2), 3p(4) である（（ ）内はその軌道に含まれる電子数）。S は −2 から +6 価までの価数を幅広く取る元素であり，化学結合の様式も非常に幅広いことが知られている。ここでは，ZnS(S^{2-})，Na_2SO_3 (S^{4+})，Na_2SO_4(S^{6+}) という三つの物質の S の Kβ 特性 X 線スペクトルを見てみることにしよう。

Kβ 線は 3p から 1s 軌道への電子遷移によって発生する特性 X 線のことである。S^{2-} の場合は，3p 軌道に 6 個の電子が存在することになるので Kβ 線を発

---

† このような他の原子の内殻軌道への遷移を**クロスオーバ**（cross over）**遷移**という。

生することが可能であろうが，S^{4+} および S^{6+} を考えたとき，孤立イオンの状態ではSの3p軌道に電子が存在しないことになるので，Kβ 線は観測されないのではないかという疑問が生じるかもしれない．しかしながら，S^{4+}，S^{6+} と考えている Na_2SO_3，Na_2SO_4 のSKβ 線スペクトルは，**図 8.8**(a) に示すように実際に観測されている．これは，S^{4+}，S^{6+} と表すような状態でもSの3p成分を持つ価電子帯の軌道が存在することを示しているのである．

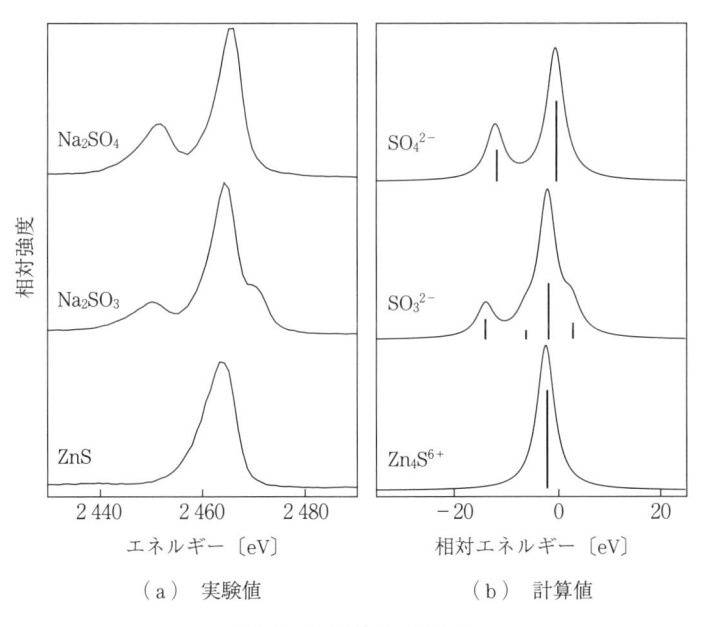

図 8.8 SKβ 線スペクトル

それでは，実際の測定結果を見比べてみることにしよう．まず，これらの二つの物質のSKβ 線の形状が大きく異なっていることが見て取れるだろう．さて，これらの違いを具体的に議論するためには，当然のことながら，実際にこれらの物質の電子状態を考えてみる必要がある．そこで，分子軌道計算を実行した結果と実験値を比較してみることにしよう．ここでは，それぞれの物質の結晶構造からSを中心として第一近接の原子との結合のみを考えて，結晶から切り出した最も単純なモデルクラスター（SO_4^{2-}，SO_3^{2-}，Zn_4S^{6+}）を構築し

た（図 8.9）．これらに対し，分子軌道計算を実行して，式（8.9）に示す遷移確率の計算法に基づいて得られた結果を図 8.8（b）に縦線で示す．

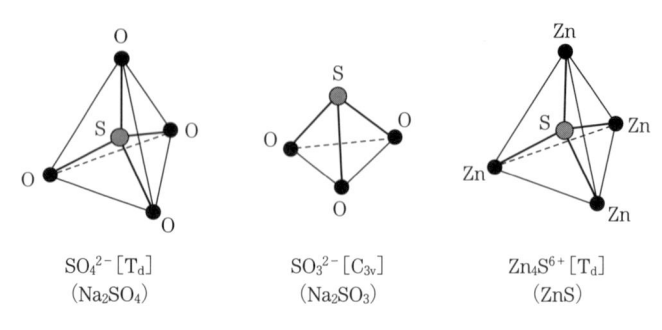

SO$_4^{2-}$ [T$_d$]
(Na$_2$SO$_4$)

SO$_3^{2-}$ [C$_{3v}$]
(Na$_2$SO$_3$)

Zn$_4$S^{6+} [T$_d$]
(ZnS)

図 8.9 計算モデル

孤立系（非周期系）の分子を扱う量子化学計算では，各軌道のエネルギー固有値は離散的なエネルギー値をとり，実験で得られるスペクトルの形状と直接比較することが難しい．そこで，遷移確率の値を強度として適当な分布関数（ここではローレンツ（Lorentz）形関数）を用いて幅を与えることによって，実験スペクトルとの比較を行うことが可能となる．このように幅を持たせたのが図 8.8（b）の実線で示したスペクトルである．計算値が，実験で得られたスペクトル形状の特徴的な変化をよく再現していることが確認できるだろう．

スペクトルの形状について，もう少し詳しく見てみよう．SO$_4^{2-}$ では低エネルギー側に弱いピークと，高エネルギー側に高いピークの二つが観測されたが，SO$_3^{2-}$ では高エネルギー側のピークの両側に広がりがあるのが見られる．今回の計算で用いたクラスターモデルの形状（図 8.9）からもわかるように，両モデルの点群は，それぞれ T$_d$（SO$_4^{2-}$）と C$_{3v}$（SO$_3^{2-}$）である．したがって，注目している S の局所環境も異なることとなり，特に対称性が T$_d$ から C$_{3v}$ に低下したことによって縮退していた軌道が分裂し，それによってスペクトルが分裂したと考えることができる．

一般に，価電子帯の波動関数は，非占有軌道に比べて局在化しているので，今回のような第一近接との化学結合のみを考慮したクラスターモデルを用いる

近似でも，固体の電子状態が反映する実験結果を再現することができた．しかしながら，後述する X 線吸収スペクトルなどには，非占有軌道の状態が反映されるので，このようなクラスターモデルを用いた計算では，精度良く実験スペクトルを再現するのは困難となる場合が多い．

8.2.2 Si の Kβ 線スペクトルと Kα 線スペクトル

ここでは，3 種類の Si の化合物，Si，SiC，SiO_2 を取り上げて，前節の S の Kβ 線と同様に，これらの Kβ 線スペクトルの微細構造を検討することによって，これらの物質における価電子帯の電子構造の違いを見るとともに，Kα 線のピークエネルギーの変化について検討することにする．

図 8.10 に Si Kβ 蛍光 X 線スペクトルを示す．これらのスペクトルには，最も強度が大きいピークの低エネルギー側に，小さなサブピークが観測されているが，これら二つのピークエネルギーの差は，Si から順に SiC，SiO_2 の順に大きくなっている．これらの形状の変化を理解するために，前項の S の Kβ 線の解析と同様に，Si の第一近接原子までを含めたモデルクラスターを構築して，分子軌道計算を行った．これら 3 種類の物質において，Si の局所環境が類似しており，Si は 4 配位となっていて第一近接までの SiX_4（X = Si，C，O）を考

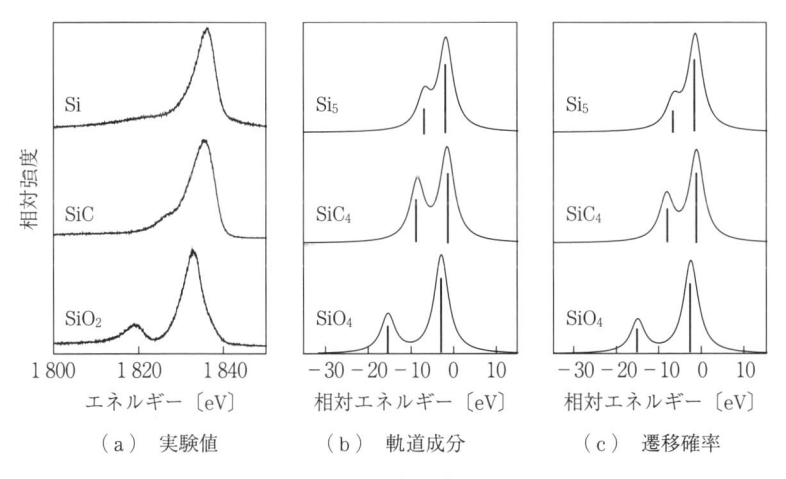

（a）実験値　　　（b）軌道成分　　　（c）遷移確率

図 8.10　Si Kβ 蛍光 X 線スペクトル

148   8. スペクトロスコピーへの応用

えると点群はすべて T_d である。

　それでは，前項で行ったのとは異なる方法でスペクトル形状の解析を試みてみよう。ここでは，直接，遷移確率を計算するのではなく，分子軌道のマリケン（Mulliken）の軌道成分解析の結果と，実験スペクトルの形状を比較してみよう。いま考えている Si の $K\beta$ 線は，価電子帯の Si の 3p 成分から 1s 軌道への遷移によって得られるものであるから，価電子帯の軌道のうち Si の 3p 成分を強度として，ローレンツ形関数を用いて幅を与えたもの[†]と，実験スペクトルを比較することにする（図 8.10 (b)）。この図から，分子軌道計算の結果から抽出した軌道成分をもとにして作成した計算スペクトルも，実験スペクトルをよく再現していることが確認できるであろう。

　ここで，上記の軌道成分解析の結果と，S の $K\beta$ 線スペクトルに対して行ったような価電子帯の各軌道からの遷移確率も，これらの Si の $K\beta$ 線に対しても行い，軌道成分解析との比較を行った（図 8.10 (c)）。これらの二つの計算結果の間には若干の差異をみることができるが，基本的なスペクトルの構造に大きな影響を与えるほどの違いは見られなかった。これらの比較からもわかるように，遷移確率を計算しなくても，軌道成分解析の結果によってスペクトルの形状を再現できる場合が多い。

　つぎに，Si の $K\alpha$ 線スペクトルを見てみることにしよう（**図 8.11**）。$K\alpha$ 線は 2p から 1s 軌道への遷移によって発生する X 線であり，Si の化合物の場合は，1s, 2p のどちらの軌道も内殻として取り扱うことができる。したがって，価電子帯の電子の遷移が直接的には関与しないスペクトルである。

　しかしながら，ピークエネルギーが Si, SiC, SiO_2 の順に徐々に高エネルギー側にシフトしている。これは，前述の XPS の内殻化学シフトと同様のことが，$K\alpha$ 線でも観測されたことに相当する。ここで，$K\alpha$ 線のエネルギーが順に大きくなるということは，1s と 2p 軌道のエネルギー差がこの順に大きくなっていることを意味している。上記の Si, SiC, SiO_2 の順に Si の結合相手の

[†] 近似的にいえば，これが LPDOS（local partial density of state）に相当する。

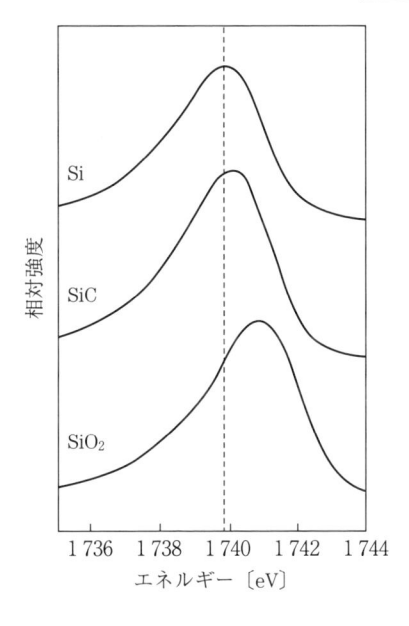

図8.11 Si Kα 蛍光 X 線スペクトル

イオン性が強まり，その結果としてSi上の電子数が徐々に減っていくことになる．ここで減少する電子は，価電子帯の軌道のうちSiの成分，すなわちSiの3sおよび3p軌道に属するものである．8.1.2項で示したXPSの内殻スペクトルの化学シフトで説明したとおり，外殻の電子数が減少した場合，それらによって遮へいを受けていた，より内殻の電子のエネルギー固有値も深いほうへとシフトすることになる．その際，シフトするエネルギーは，より内殻の電子のほうがより大きな値となる．

したがって，いま考えているSiのKα線の場合でいえば，3sおよび3p軌道の電子数が減少することによって，2p軌道より1s軌道のほうがより深いほうにエネルギー準位が移動する．すなわち，外殻の電子数が減少すればするほど，Kα線のエネルギーは大きくなる．内殻のXPSの場合と同様に，Kα線の測定では，直接価電子帯の遷移は関与していないが，間接的に価電子帯の情報がKα線のエネルギーに影響を及ぼしていることになる．

8.3 オージェ電子分光

　図8.5に示したように，内殻に電子空孔ができた場合の脱励起過程は，X線放出もしくはオージェ電子放出過程に分類できる．オージェ遷移では，特性X線の放出の場合とは異なり，少なくとも三つの軌道の電子が遷移に関係してくるため，単に，式(8.5)で示したように遷移前後の二つの軌道の1電子波動関数から遷移確率を求めることができない．オージェ遷移確率は

$$\left|\langle \phi_{AE} \phi_{core} | h | \phi_a \phi_b \rangle\right|^2 \tag{8.10}$$

から計算することができる．ここで，ϕ_{AE}，ϕ_{core}，ϕ_a，ϕ_b は，それぞれ，終状態で放出される電子（オージェ電子），始状態において電子空孔のある内殻，終状態で空孔が存在する二つの軌道 a，b の波動関数である．特性X線の放出過程においては，直接，遷移に関与する軌道が二つであったが，オージェ遷移においては四つの軌道がかかわることになる．

　特性X線のエネルギーは0次近似的には，遷移前後の軌道の1電子固有エネルギーの差で表されることを8.2節で述べた．一方，オージェ遷移の場合は，特性X線のように単純に軌道間のエネルギー差だけで表すのではなく，放出されるオージェ電子のエネルギー E_{AE} を

$$E_{AE} = \left| E_{core} - E_a - E_b + E_{ab} \right| \tag{8.11}$$

で表すことが多い．ここで，E_{core} は始状態で電子空孔のある内殻のエネルギー，E_a，E_b は終状態で空孔の存在する軌道のエネルギーである．また，E_{ab} は a と b 軌道の電子間の相互作用エネルギーである．E_{ab} については，二つの軌道の角運動量を合成して，**多重項**（multiplet）について考えなければならない．例えば，a と b 軌道の二つの電子が共に同じ向きのスピンを持つ状態（3重項状態）と，逆の向きのスピンを持つ状態（1重項状態）では E_{ab} の値が異なるためである．

　オージェ遷移に関して，それぞれの遷移の名称は，以下のような決まりに

従って命名されている.始状態において電子空孔が存在する内殻と終状態において電子空孔が存在する二つの軌道の主量子数を組み合わせて表すのが一般的である.また,終状態の軌道が価電子帯に属する場合は,その軌道を価電子帯を表す valence band の頭文字を用いて V で表す.例えば,始状態において 1s 軌道に電子空孔が存在し,終状態では 2s と $2p_{1/2}$ 軌道にそれぞれ一つずつの電子空孔が存在する場合は,KLL オージェ遷移または KL_1L_2 オージェ遷移といい,始状態はそれと同じくして,終状態で価電子帯に二つの電子空孔を作るような場合には KVV オージェ遷移という.

ここで,特性 X 線の放出過程においては,観測対象が X 線であったが,オージェ電子の放出過程では,観測対象は電子(オージェ電子)である.したがって,光電子分光の場合と同様に,励起源として,X 線などの侵入深さが大きいプローブを用いたとしても,電子の脱出深さは数 nm 程度であるため,オージェ電子スペクトルの測定結果も,ごく表面近傍の情報にすぎないことに注意しなければならない.逆にいえば,表面に敏感な測定法になるので,その利点を生かして表面分析を行うことができる.オージェ電子のエネルギーも式 (8.11) より,軌道間のエネルギー差と,軌道電子間の相互作用ポテンシャルによって決まるので,オージェ電子のエネルギーは元素固有の値となる.したがって,光電子分光,蛍光 X 線分光と同様に元素分析に広く用いられているが,上記の理由のとおり,オージェ電子スペクトルは表面の元素分析に限られて用いられる.

一般に,オージェ電子スペクトルの測定には,電子線を励起源として,2 重円筒形エネルギー検出器が使われることが多いが,この電子検出器のエネルギー分解能は,X 線光電子分光(XPS)でおもに用いられる半球形電子エネルギー分析器より劣る.しかし,立体角が半球形電子エネルギー分析器よりも大きく取れることから,感度良く表面の元素分析を行うには好都合である.

オージェ電子スペクトルから価電子帯の電子状態を知るためには,オージェ遷移に関与する三つの軌道のうち,少なくとも一つの軌道が価電子帯の軌道でなければならない.すなわち,CCV もしくは CVV オージェ電子スペクトル(C

は内殻）に，価電子帯の電子状態が反映されることになる。例えば，第3周期元素の KLV，KVV，LVV オージェ電子スペクトルなどが考えられる。

以下に，**Al，Si の KLV オージェ電子スペクトルの解析例**を示し，それらの具体的な解析法について説明することにしよう。

まず，Al と Si 単体のスペクトルを見てみることにしよう。Al と Si 単体は，常温，常圧において，それぞれ fcc およびダイヤモンド構造をとる物質である。これらの結晶中において，Al，Si ともに 3s と 3p 軌道が価電子帯を形成する。そこで，これら結晶の価電子帯の電子状態を $KL_{2,3}V$ オージェ電子スペクトルを検討してみることにしよう。この遷移は，始状態で K 殻に空孔が存在し，終状態では $L_{2,3}$ 殻（2p 軌道）と V（価電子帯）に空孔が存在することになる。これらの実験スペクトルの形状を考えるためには，式 (8.10) の遷移確率を求めればよいが，固体に対してはたいへん複雑な計算を要する。

そこで，状態密度を利用した解析法を用いて，これらのスペクトルの解析を行うことにしよう。いま考えている Al と Si の $KL_{2,3}V$ オージェ遷移は，K 殻，$L_{2,3}$ 殻がともに内殻なので，CCV オージェ遷移に相当する。CCV オージェ電子スペクトルの形状は

$$I_{CCV}(E) = \sum_i P_{CCi} D_i(E) \tag{8.12}$$

で表すことができるので，この式を元に $KL_{2,3}V$ オージェ電子スペクトルを求めることが可能である。ここで，i は原子軌道を表し，P_{CCi} は CCi オージェ遷移確率，$D_i(E)$ は価電子帯における原子軌道 i 成分の局所部分状態密度である。いま考えている Al と Si の $KL_{2,3}V$ オージェ電子スペクトルにおいては，Al と Si の孤立原子に当てはめてみると，始状態では 1s 軌道に電子空孔があり，終状態では 2p と 3s 軌道，もしくは 2p と 3p 軌道にそれぞれ一つずつの電子空孔が存在する。したがって，1s-2p-3s と 1s-2p-3p 遷移を考えればよいことになる。

両者の遷移確率，すなわち P_{1s2p3s} と P_{1s2p3p} は，原子軌道に対するものを計算

8.3 オージェ電子分光　153

すればよく，あとは 3s と 3p の LPDOS を考えればよいことになる．**図 8.12** に Al と Si の $KL_{2,3}V$ オージェ電子スペクトルの実験値と，式 (8.12) で示した LPDOS を用いた計算値との比較を示す．Al と Si のスペクトルの構造が計算でよく再現されていることが確認できるであろう．8.2 節に示した発光 X 線においては，電気双極子近似のもとでの選択規則により遷移が可能な軌道の方位量子数に制約があるが，8.1 節に示した光電子は，すべての構成原子の価電子帯全体の状態密度 (VBDOS) が反映される．オージェ遷移は，発光 X 線と類似して，特定の原子の LPDOS に限られるが，方位量子数に関する制約がないことを再度確認されたい．

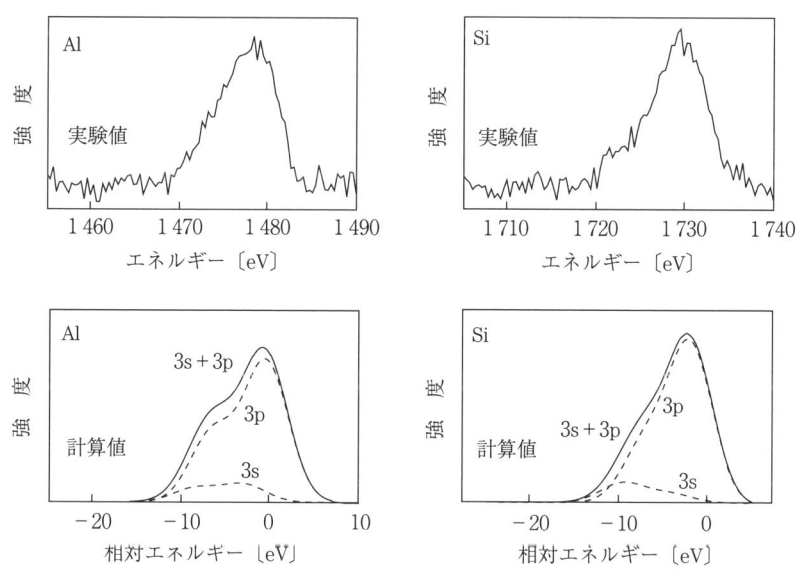

図 8.12 Al と Si の $KL_{2,3}V$ オージェ電子スペクトル

つぎに，Si と，Si の化合物である SiC, SiO_2 の $KL_{2,3}V$ オージェ電子スペクトルも見てみることにしよう (**図 8.13**)．これらの蛍光 X 線スペクトルについては，すでに 8.2.2 項にて見ているが，上記のとおり $K\beta$ 蛍光 X 線スペクトルは選択規則により 3p から 1s 軌道への遷移に限られているが，$KL_{2,3}V$ オージェ遷移においては，3s と 3p 軌道がともに関与している．したがって，オージェ

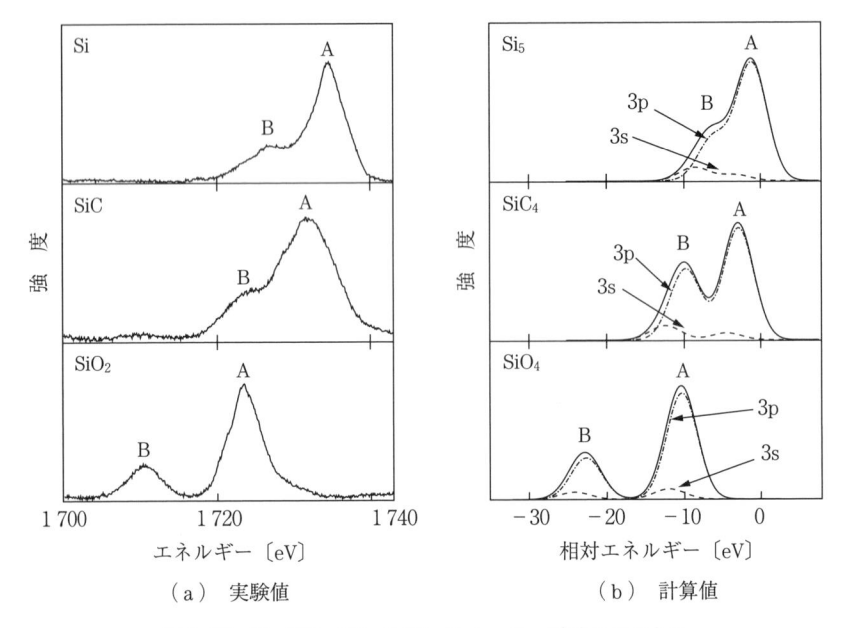

図 8.13 Si, SiC, SiO$_2$ の KL$_{2,3}$V オージェ電子スペクトル

電子スペクトルと蛍光X線スペクトルの形状を比較すると，オージェ電子スペクトルには，3p軌道の状態密度の寄与に加え，3s軌道の状態密度の寄与がスペクトルに現れているはずである．図（b）で，Si，SiC，SiO$_2$ のオージェ電子スペクトルの計算値に3sの寄与があることが確認できるであろう．

8.4 X線吸収端近傍微細構造

X線吸収端近傍微細構造（X-ray absorption near-edge structure）は，X線吸収スペクトルの吸収端近傍の数10 eV程度の領域に現れるスペクトルの微細構造のことであり，その英語表記の頭文字をとって**XANESスペクトル**と呼ばれる．X線吸収スペクトルとは，**図 8.14** に示したように，内殻の電子が非占有軌道に励起される現象を測定するものであり，X線発光と同様に，方位量子数に選択規則による制約が課される，電気双極子遷移が主たるものとなる．

8.4 X線吸収端近傍微細構造　155

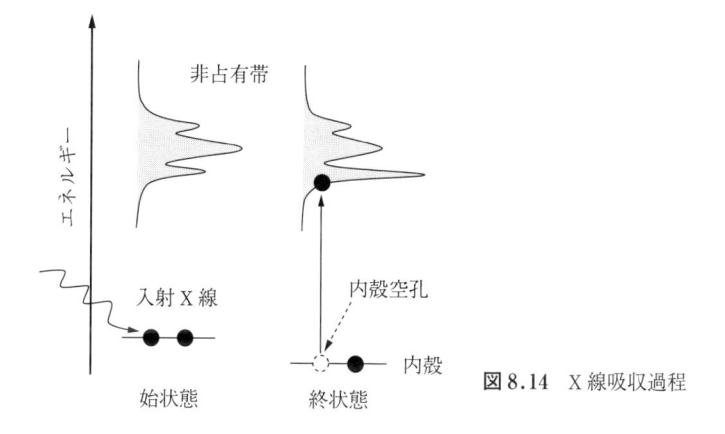

図 8.14　X 線吸収過程

実際にX線吸収スペクトルを測定するためには，**図 8.15** に示すように，さまざまな波長を含む白色のX線を，分光器で単色化（単一波長化）して，それを試料の前後に配置した検出器によって，試料によってどの程度吸収されたかを，入射X線の波長を変えながら測定する[†]。これらの測定には，単色化されたX線が必要であるため，高輝度のX線源が必要であり，シンクロトロン放射光を光源として用いる場合が多い。

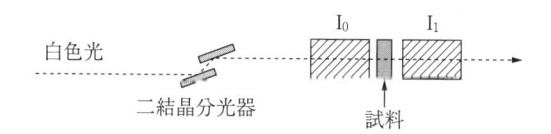

図 8.15　透過法によるX線吸収スペクトルの測定

前述のとおり，X線吸収は電気双極子遷移を基本として考えることができるので，XANES スペクトルから得られる情報は，非占有軌道の LPDOS ということになる。それぞれの XANES スペクトルの名称は，励起される内殻の名前に「端」をつけて呼ぶ。例えば，酸化物中の酸素の 1s から非占有軌道への電子励起によって得られる XANES スペクトルは，O の K 端 XANES スペクトル，Pt の $2p_{3/2}$ 軌道，すなわち L_3 殻からの吸収スペクトルは，Pt の L_3 端

[†] この測定法を**透過**（transmission）**法**という。

XANES スペクトルと呼ぶ.

それでは，XANES を用いた電子状態解析について，以下に紹介していくことにする.

8.4.1 Al の K 端 XANES スペクトル

Al，AlN，Al_2O_3 の Al の K 吸収端 XANES スペクトルを図 8.16 に示す．これらのスペクトルは**全電子収量法**（total electron yield：TEY）を用いて測定されたものである．この方法は，試料に単色化された X 線を照射するところまでは，透過法（図 8.15）と同じであるが，試料を透過した X 線の量を測定する

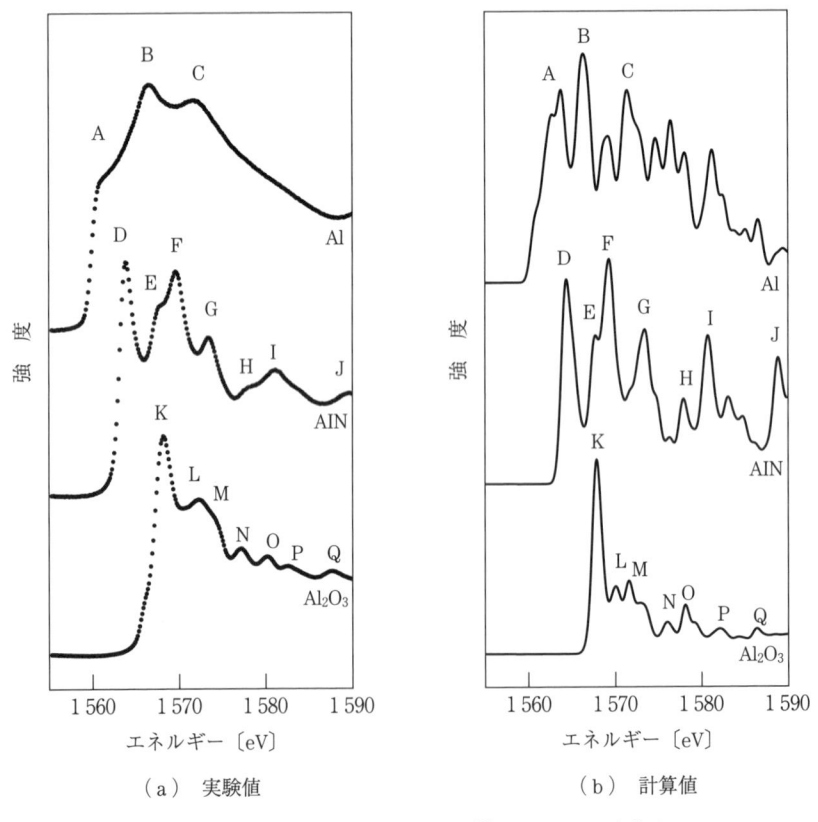

（a）実験値　　　　　　　　　　　（b）計算値

図 8.16　Al，AlN，Al_2O_3 の Al の K 端 XANES スペクトル

代わりに，X線吸収に伴って試料より放出される光電子，オージェ電子，二次電子のすべての電子を測定する方法である．得られるスペクトルの形状は，原則，透過法と同じものが得られることが知られている．一般に，**軟X線**（低エネルギーのX線）領域では，入射X線が試料を透過したX線を測定するのが困難である．そこで，一つの電子が励起されたことによって，上記の電子がそれに比例した数だけ放出されるものと考えて，XANESスペクトルの測定を行う方法が全電子収量法である．透過法では，固体内部の情報がおもに反映されるのに対して，全電子収量法では，観測対象が電子であるため，表面に敏感な測定法であることに注意が必要である．

これまでの光電子，発光X線，オージェ電子の測定は，すべて価電子帯のLPDOSが反映される実験値であったため，固体結晶であるにもかかわらず，結晶の一部を切り出して構築したクラスターモデルを用いて，化学結合が見やすい分子軌道法による解析例を示してきた．しかしながら，X線吸収スペクトルの解析を行う場合には，非占有軌道のLPDOSについて考えるため，より空間的に広がった波動関数について考える必要があり，孤立系の波動関数を記述するための方法である分子軌道法では，固体結晶の非占有軌道を表現することは困難である．そこで，ここでは三次元周期境界条件を前提とする，第一原理計算法を用いた解析例を示す．

また，X線吸収の終状態では内殻に電子空孔が存在し，その効果（**内殻空孔効果**）が，スペクトルの形状に顕著に現れる．したがって，内殻空孔効果を取り入れた計算が必須となる．ここでは，この内殻空孔効果をあらわに取り入れるために，全電子をあらわに計算する第一原理計算を行った．しかしながら，二次元周期境界条件を課した計算法を用いたために，計算する単位格子に内殻空孔を導入すると，隣接する格子中にも内殻空孔が導入されてしまう．もし，単位格子中に注目する原子（例えば，ここでAlのK端を考える場合にはAl）が1個だけしか含まれていないような場合には，結晶中のその原子すべてに内殻空孔を導入してしまうことになる．このように，三次元周期境界条件のために生じる励起原子どうしの不要な相互作用を減ずるために，単位格子を各軸方

向に拡張した格子（スーパーセル）を用いて，その中の一つの原子が励起状態になっているようにして計算を行う。今回の場合は，Al に対しては fcc 構造の単位格子を各軸方向に 2 倍ずつ拡張したスーパーセル（2×2×2 のスーパーセルと書く）を用い，AlN はウルツ鉱構造（wurtzite structure）の，そして Al_2O_3 はコランダム構造（corundum structure）の単位格子を拡張した，それぞれ 3×3×2 と 2×2×1 のスーパーセルを用いて計算した。

さて，これらの物質の XANES スペクトルの形状を詳しく見ていくことにしよう。これら三つの実験スペクトルを一見して

1) スペクトルが立ち上がる位置（しきいエネルギー）が Al，AlN，Al_2O_3 の順に大きくなる
2) スペクトルの形状（微細構造）が異なる

という 2 点にすぐに気づくだろう。前者は Al がどれだけの電子を周辺に保持しているか，すなわち原子価が顕著に反映されるものであり，XPS や蛍光 X 線にも現れた化学シフトが観測されている。金属，すなわち電気的に中性の状態である Al から，電気的極性はあるものの共有結合性が強い AlN，そして電気的極性（イオン性）がさらに強まった Al_2O_3 の順に Al 上の電子数は減少し，それに伴ってスペクトルの立上りのエネルギー値が大きくなっている。また，後者のスペクトル形状については，非占有軌道の LPDOS（ここでは Al の 3p 成分）が反映されている。スペクトル形状については，実験スペクトルとともに示した第一原理計算による計算スペクトルによって，実験スペクトルに現れている特徴的な微細構造をよく再現できている。

前述のとおり，XANES スペクトルには，終状態に存在する内殻空孔の影響を考えることが重要である。それを確認するために，上記の計算を内殻空孔を取り入れた場合と，内殻空孔を取り入れない場合，すなわち基底状態での計算値を図 8.17 に示した。実験値との比較から明らかなように，内殻空孔効果を無視した計算では，実験スペクトルの形状を定量的に再現することは難しいことが確認できる。XANES スペクトルの解析には，内殻空孔効果を考慮することがたいへん重要である。

(a) 実験値

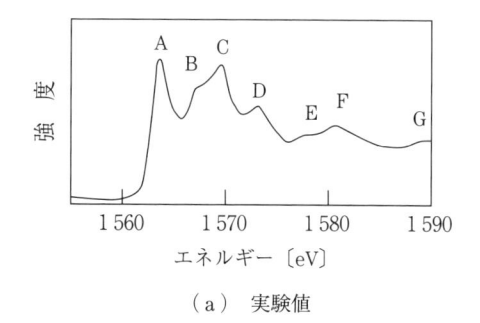

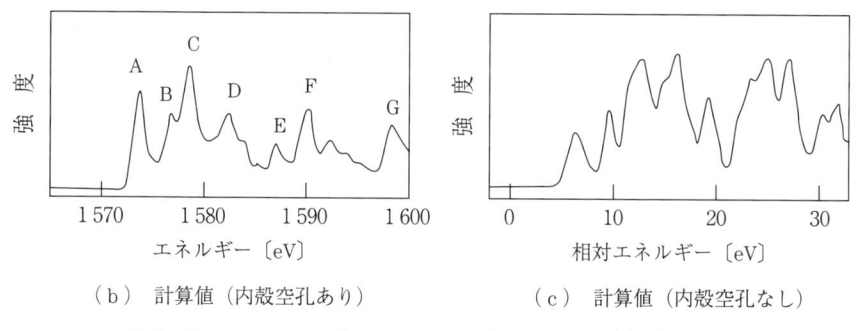

(b) 計算値（内殻空孔あり）

(c) 計算値（内殻空孔なし）

図 8.17 AlN の Al-K 端 XANES スペクトルにおける内殻空孔効果

8.4.2 極微量元素の XANES スペクトル

近年の半導体などにおいては，ppm レベルの元素を添加することによって，電気伝導特性などの物性を制御している。このような微量な元素添加によって電子状態がどのように変化するのかは，固体物理や半導体関連の書籍に定性的な説明がなされているが，実際にそのような極微量な添加元素がどのような局所環境にあるのかについては，特別なものを除いて近年まで実際には明らかにされてはいなかった。

前述のように，XANES スペクトルの測定は透過法に加えて，軟 X 線領域では全電子収量法が有効であることを説明したが，これらの二つの測定法以外に**蛍光**（fluorescence yield）**法**という測定法がある。蛍光法とは，内殻励起のあと，その脱励起過程において発生する特性 X 線を測定する方法であり，内殻励起数と特性 X 線の発生量が比例関係にあると考えれば，X 線吸収スペクト

ルを測定できていることになる．実際に，透過法と蛍光法の両者のスペクトル形状が原則一致することが，多くの測定において確認されている．蛍光法を用いる利点は，SN 比（signal-to-noise ratio）がよいことであり，それゆえ，微量元素の XANES スペクトル測定に威力を発揮している．また，前述のとおり全電子収量法は，観測対象が電子であるため表面に敏感であるが，蛍光法では固体内部に敏感な XANES スペクトルの測定が可能である．

　これまでに，シンクロトロン放射光を用いた蛍光 X 線分析により，極微量元素の定量分析は行われてきていたが，そのような極微量元素の局所環境や電子状態について，実験的に検証することはたいへん困難であった．そのような測定の一つの成功例として，MgO 中に約 30 ppm の Zn が含まれる試料の Zn の K 端 XANES スペクトルの測定結果（図 8.18（a））を紹介しよう．図（b）に ZnO の Zn の K 端 XANES スペクトルを比較のために示した．両者ともに，Zn の K 端 XANES スペクトルであるが，スペクトルの形状が大きく異なることが見て取れるであろう．このスペクトルの形状が異なることより，MgO 中の Zn は ZnO 中の Zn とは局所的な環境が異なっているであろうことが予測できる．

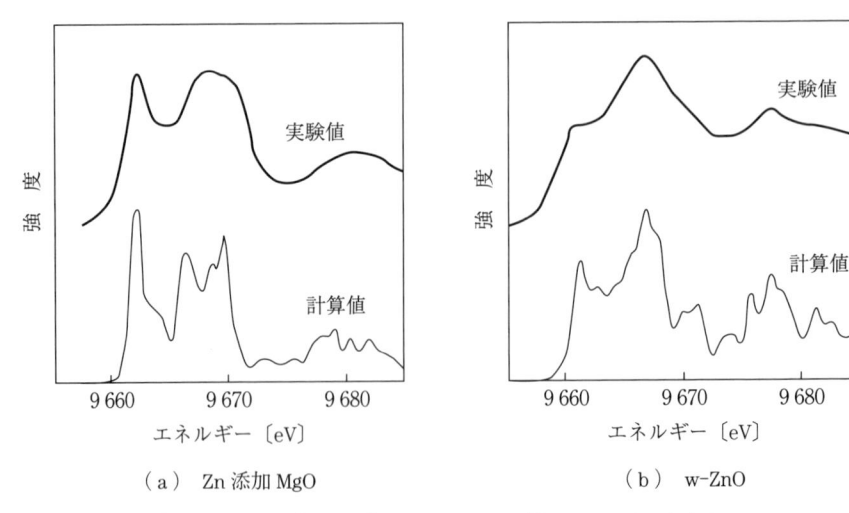

（a）Zn 添加 MgO　　　　　　（b）w-ZnO

図 8.18　MgO 中の Zn と，ZnO の Zn-K 端 XANES スペクトル

これらの違いを定量的に判断するためには，第一原理計算による計算スペクトルを用いた解析が威力を発揮する．そこで，AlのK端XANESと同様の手法を用いて計算した，岩塩形構造のMgOのスーパーセル（基本単位格子を4×4×4に拡張した128原子のセル）中の一つのMgをZnで置き換えたZn，およびウルツ鉱構造のZnOのスーパーセル（単位格子を3×3×3に拡張した108原子のセル）中のZnのK端XANESスペクトルを見てみよう（図8.18）。MgO中においてMgと置換して存在するZnの局所環境は，第一近接の位置に6個の酸素イオンが存在する，すなわち酸素6配位の状況であるのに対して，ZnO中においてはZnは酸素4配位である．このような違いが顕著にXANESスペクトルに現れたことが，第一原理計算による計算スペクトルの比較から明らかになった．この実験を通して，ppmレベルの極微量元素の局所環境ならびに電子状態を実験および計算の両方向から理解することができたのである．

8.4.3 偏光を利用したXANESスペクトル

シンクロトロン放射光を励起源として利用することにより，偏光したビームを試料に照射することが可能である．偏光の仕方としては，円偏光や直線偏光などがあるが，ここでは直線偏光の光源を用いて，エピタキシャル成長したMnを添加したZnO薄膜における，MnのK端XANESスペクトルの形状を例に考えることにする．まず，**図8.19**（a）に多結晶体粉末のMn添加ZnOから得られたMnのK端XANESスペクトルを示す．同じ図中に標準試料として測定したMnO，Mn_3O_4のスペクトル，ならびに第一原理計算による計算スペクトル（細線）を比較のために示したが，これまでの結果と同様に実験スペクトルの特徴をよく再現している．

つぎに，**図8.20**に示すように，サファイア基板上に堆積した，Mnを添加したZnOのエピタキシャル成長膜に対して，直線偏光した放射光 E に対してZnOの c 軸を，垂直（$E \perp c$）および平行（$E // c$）にして測定を行った結果が図8.19である．これらの二つのXANESスペクトルの形状は，明らかに異なったものであることが確認できるであろう．

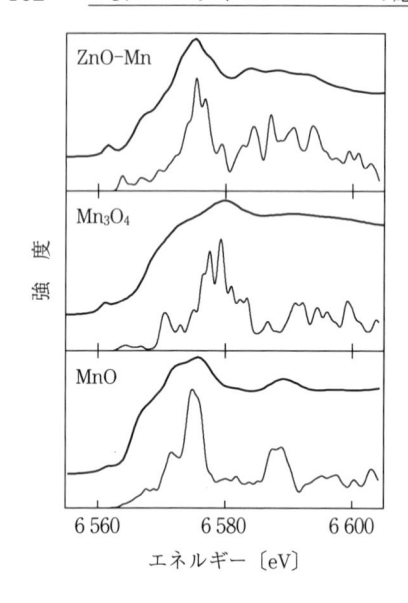

図 8.19 Mn 添加 ZnO，Mn_3O_4，MnO の Mn-K 端 XANES スペクトル

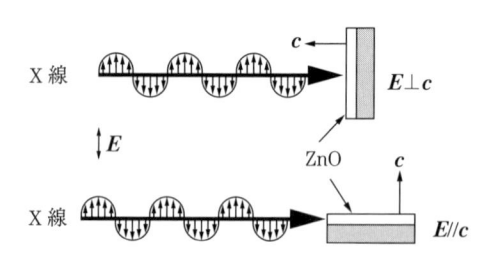

図 8.20 Mn 添加 ZnO 膜の Mn-K 端 XANES スペクトルの測定方法（($E \perp c$) と ($E // c$)）

ここで，図 8.19 に示した，多結晶である Mn 添加 ZnO の Mn の K 端 XANES スペクトルの計算結果を，ZnO の c 軸方向と a，b 軸方向に分解してみると，それがそれぞれ（$E \perp c$）および（$E // c$）の測定結果とよく一致していることが確認できる（図 8.21）。このように，偏光を利用することによって，全体的な電子状態だけでなく，電子状態の分布の偏りまで理解することが可能となる。

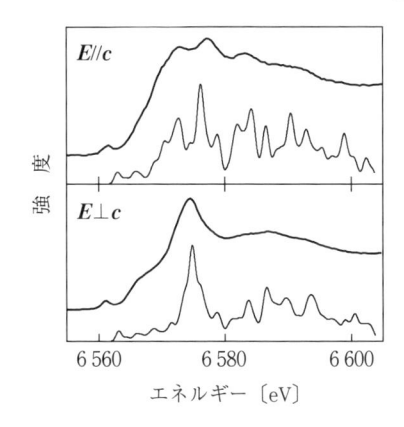

図 8.21 Mn 添加 ZnO 膜の Mn-K 端 XANES スペクトル（($E \perp c$) と ($E//c$)）

8.4.4 プリエッジスペクトル

ここまでの X 線吸収に関する議論は，すべて電気双極子近似のもとで進めてきたが，XANES スペクトルのなかには，電気双極子近似だけでは議論できないスペクトルが観測される場合がある。そのなかで最もよく知られているのが，3d 遷移金属の K 端 XANES スペクトルの立上り周辺に現れる，**プリエッジ（pre-edge）スペクトル**と呼ばれるスペクトルである。**図 8.22** に，一例として Ti-K 端 XANES スペクトルを示した。この図で，立上りより低エネルギーの位置に弱いピーク群が確認できるだろう。これらがプリエッジスペクトルであり，これらのピークは，1s から 3d への四重極遷移によるものであるといわれているが，四重極と双極子の混在などさまざまな意見が出されていた。

そこで，四重極遷移の確率まで考慮に入れて第一原理計算を用いた計算スペ

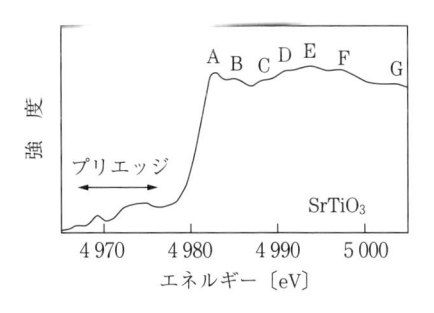

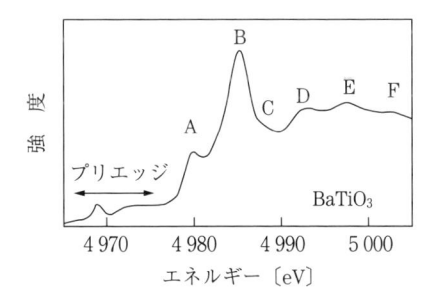

図 8.22 $SrTiO_3$ と $BaTiO_3$ の Ti-K 端 XANES スペクトル

クトルを作成し，実験との対応を検討した（**図 8.23**）。$SrTiO_3$，$BaTiO_3$ の Ti-K 端 XANES のプリエッジスペクトルは，両者ともに四つのピークからなっているが，第一原理計算の結果から，低エネルギー側から四重極（p1），四重極＋双極子（p2），双極子（p3, p4）に対応していることを確認することができる．

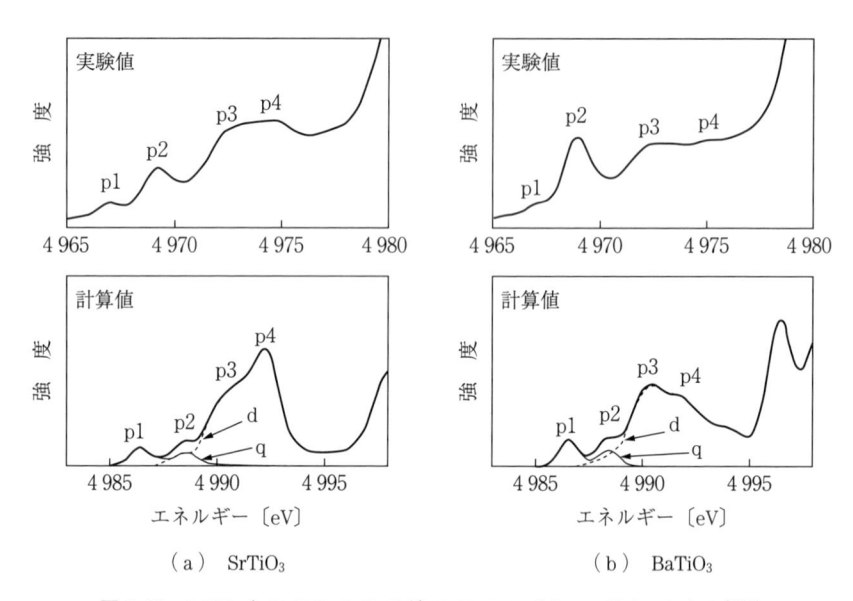

(a) $SrTiO_3$

(b) $BaTiO_3$

図 8.23 $SrTiO_3$ と $BaTiO_3$ の Ti-K 端 XANES のプリエッジスペクトル領域（計算値の d と q はそれぞれ双極子と四重極子遷移に相当する）

8章のまとめ

電子の遷移を伴う分光実験（スペクトロスコピー）から価電子帯，伝導帯の状態（波動関数）分布がわかる。

脱励起過程

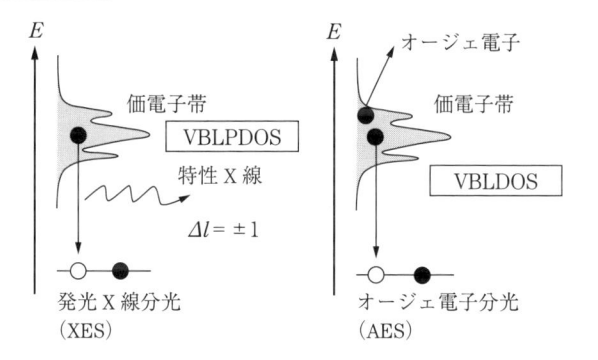

発光 X 線分光（XES）
- E
- 価電子帯
- VBLPDOS
- 特性 X 線
- $\Delta l = \pm 1$

オージェ電子分光（AES）
- E
- オージェ電子
- 価電子帯
- VBLDOS

励起過程

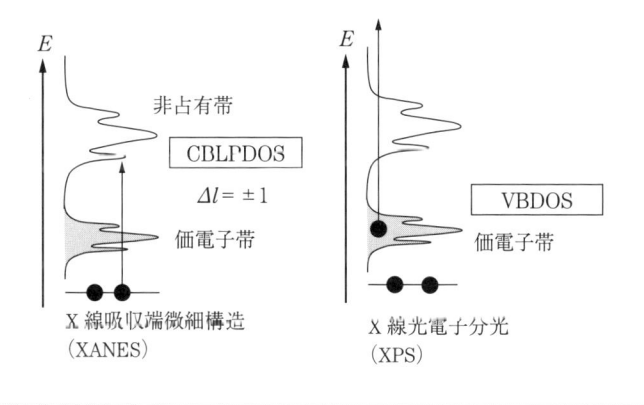

X 線吸収端微細構造（XANES）
- E
- 非占有帯
- CBLPDOS
- $\Delta l = \pm 1$
- 価電子帯

X 線光電子分光（XPS）
- E
- VBDOS
- 価電子帯

付　　　　　録

A.1　原子価結合法

　本書では，分子の中の電子の波動関数を，LCAO 近似に基づく分子軌道法によって説明してきた。分子軌道法では，まず対象となる分子を構成する原子の原子核の位置を決めて，そこに電子を分布させたときに，それぞれの電子がどのような状態になるかを考える方法であった。分子の中の電子状態を表すもう一つの方法に，ここで説明する**原子価結合法**（valence bond method）という方法がある。原子価結合法はその英字表記の頭文字を取って **VB 法**とも呼ばれる。この原子価結合法の基本的な考え方は，分子軌道法とはまったく逆であり，複数の孤立原子がたがいに近づいたときに，それらの電子を複数の原子で共有するという考え方に基づいている。

　それでは，原子価結合法を用いた分子の中の電子の状態の表し方について，H_2 分子を例にとって説明していくことにしよう。原子価結合法においては，上記のとおり十分に離れた原子が近づいてくる状況を考えるので，まず**図 A.1** に示すように，十分に離れたところに二つの水素原子 H_A と H_B が存在してい

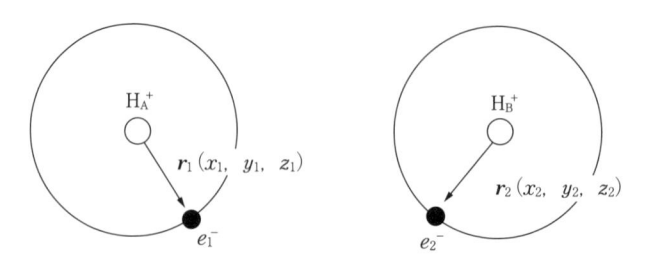

図 A.1　十分離れた二つの水素原子 H_A と H_B

る場合を考えることにする。ここで，二つの水素原子の原子核を H_A^+ と H_B^+ で表し，それぞれの原子に含まれている電子をそれぞれ e_1^- と e_2^- で表すことにする。

また，e_1^- と e_2^- の座標は，それぞれの原子核からの位置ベクトルとして，それぞれ $\boldsymbol{r}_1\ (x_1, y_1, z_1)$ と $\boldsymbol{r}_2\ (x_2, y_2, z_2)$ と表す。二つの原子 H_A と H_B が十分に離れているものと考えているので，両者の間の相互作用は無視する。したがって，二つの電子 e_1^- と e_2^- に対するシュレーディンガー方程式は

$$\left(-\frac{\hbar^2}{2m}\nabla_1^2 - \frac{1}{4\pi\varepsilon_0}\frac{e^2}{r_{1A}}\right)\phi_A(\boldsymbol{r}_1) = E_1\phi_A(\boldsymbol{r}_1) \tag{A.1}$$

$$\left(-\frac{\hbar^2}{2m}\nabla_2^2 - \frac{1}{4\pi\varepsilon_0}\frac{e^2}{r_{2B}}\right)\phi_B(\boldsymbol{r}_2) = E_2\phi_B(\boldsymbol{r}_2) \tag{A.2}$$

で表すことができる。ただし

$$r_{1A} = |\boldsymbol{r}_1|, \quad r_{2B} = |\boldsymbol{r}_2| \tag{A.3}$$

であり，また

$$\nabla_1^2 = \frac{\partial^2}{\partial x_1^2} + \frac{\partial^2}{\partial y_1^2} + \frac{\partial^2}{\partial z_1^2} \tag{A.4}$$

$$\nabla_2^2 = \frac{\partial^2}{\partial x_2^2} + \frac{\partial^2}{\partial y_2^2} + \frac{\partial^2}{\partial z_2^2} \tag{A.5}$$

である。ここで，H_A と H_B とを合わせた系を考えるとき，系のハミルトニアン $\hat{H}(\boldsymbol{r}_1, \boldsymbol{r}_2)$ は

$$\begin{aligned}\hat{H}(\boldsymbol{r}_1, \boldsymbol{r}_2) &= \left(-\frac{\hbar^2}{2m}\nabla_1^2 - \frac{1}{4\pi\varepsilon_0}\frac{e^2}{r_{1A}}\right) + \left(-\frac{\hbar^2}{2m}\nabla_2^2 - \frac{1}{4\pi\varepsilon_0}\frac{e^2}{r_{2B}}\right)\\ &= \hat{H}_A(\boldsymbol{r}_1) + \hat{H}_B(\boldsymbol{r}_2)\end{aligned} \tag{A.6}$$

で表すことができ，系のエネルギー固有値 E についても

$$E = E_1 + E_2 = 2E_1 \tag{A.7}$$

で表すことができる。また，H_A と H_B が十分に離れていることから，ハートリー近似の際に用いたように，二つの電子間の相互作用は働かないものと考え

る独立粒子近似を適用することができ，2電子系の波動関数 $\phi(r_1, r_2)$ は

$$\phi(r_1, r_2) = \phi_A(r_1)\phi_B(r_2) \tag{A.8}$$

で表すことができる．したがって，この2電子系が満たすべきシュレーディンガー方程式は次式となる．

$$\hat{H}(r_1, r_2)\phi(r_1, r_2) = E\phi(r_1, r_2) \tag{A.9}$$

つぎに，二つの水素原子 H_A と H_B が近づいてきたときを考えてみよう．十分に H_A と H_B が離れているときは，それぞれ独立に扱うことができたが，図 A.2 に示すように，十分に両者が離れている場合のポテンシャルに加えて，e_1^- と e_2^- との電子間，および H_A と H_B の原子核間，さらには，H_A と e_2^-，H_B と e_1^- の原子核と電子との間に働くポテンシャルを考えなければならない．

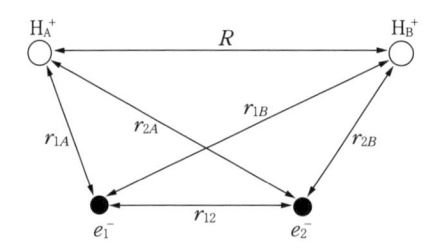

図 A.2 近づいた二つの水素原子 H_A と H_B 内の相互作用

これらの新たに加わるポテンシャルをまとめて表せば

$$V(r_1, r_2) = -\frac{e^2}{4\pi\varepsilon_0}\left(\frac{1}{r_{1B}} + \frac{1}{r_{2A}} - \frac{1}{r_{12}} - \frac{1}{R}\right) \tag{A.10}$$

となる．したがって，H_A と H_B が近づいた場合，すなわち分子を形成している場合には，系のハミルトニアンは

$$\hat{H} = \hat{H}_A + \hat{H}_B + V(r_1, r_2) \tag{A.11}$$

となる．このハミルトニアンに対するシュレーディンガー方程式

$$\hat{H}(r_1, r_2)\phi(r_1, r_2) = E\phi(r_1, r_2) \tag{A.12}$$

を解くと

$$E = 2E_1 + Q \tag{A.13}$$

が得られる．ここで

A.1 原子価結合法

$$Q = \int \phi_A^*(r_1) V(r_1, r_2) \phi_A(r_1) d\tau = \int \phi_B^*(r_2) V(r_1, r_2) \phi_B(r_2) d\tau \quad (A.14)$$

であり，Q を**クーロン積分**（Coulomb integral）と呼ぶ。式 (A.13) で得られる水素分子のエネルギーを核間距離 R の関数としてプロットしたものが図 **A.3** である。この系のエネルギーが約 0.09 nm 付近で極小となり，実験値の極小値となる核間距離に近い値となっているが，エネルギーに関しては，計算値が実験値と大きく離れていることが確認できるであろう。

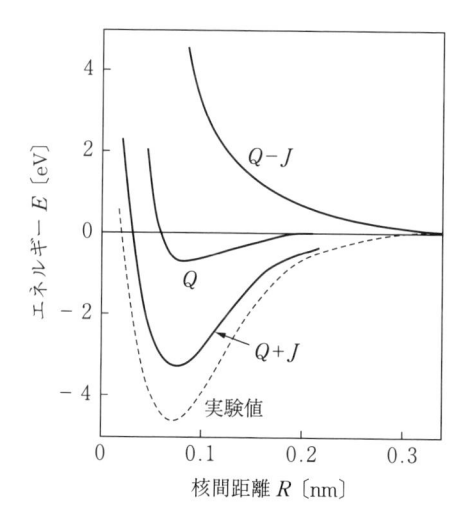

図 **A.3** 水素分子のエネルギーと核間距離の関係

つぎに，電子の個別性について考えてみることにする。いま考えている二つの水素原子からなる水素分子においては，電子は 2 個存在している。VB 法においては，それぞれの電子に番号を振って e_1^- と e_2^- として考えているが，実際にこれらの二つの電子を区別することはできない。VB 法では，電子がいずれかの原子に存在していると考えるので，電子の存在形態としては，図 **A.4** に示すような四つの状態（a），（b），（c），（d）が考えられる。

それぞれの状態に対して 2 電子系の波動関数を考えると

（a）：$\psi_a(r_1, r_2) = \phi_A(r_1) \phi_B(r_2)$　　（b）：$\psi_b(r_1, r_2) = \phi_A(r_2) \phi_B(r_1)$

（c）：$\psi_c(r_1, r_2) = \phi_A(r_1) \phi_A(r_2)$　　（d）：$\psi_d(r_1, r_2) = \phi_B(r_1) \phi_B(r_2)$

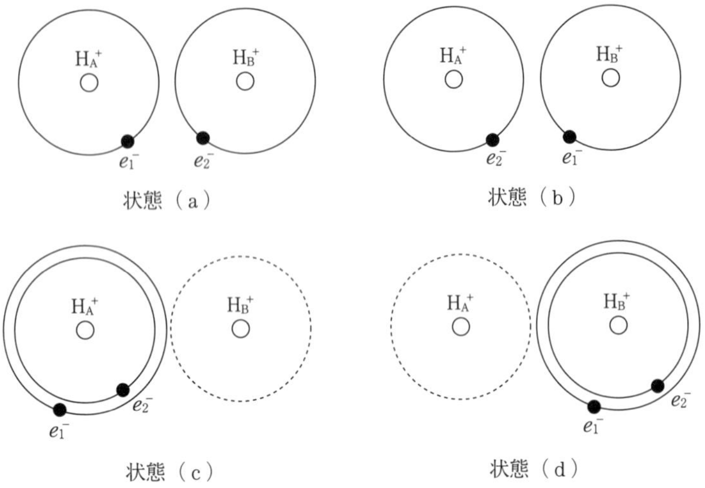

状態（a）　　　　　　　　状態（b）

状態（c）　　　　　　　　状態（d）

図 A.4 水素分子内での電子の存在形態

で表される．このなかで状態（c）と状態（d）は，どちらか一方の原子上に二つの負に帯電した電子が偏って存在することになるので，直感的に状態（a）および状態（b）よりも不安定，すなわちエネルギーが高い状態になってしまうことが容易に想像できるであろう．そこで，ハイトラー（Heitler）とロンドン（London）は状態（a）と（b）のみの重ね合わせを考える近似法を提案した．すなわち，この2電子系の波動関数を

$$\phi(r_1, r_2) = \phi_A(r_1)\phi_B(r_2) \pm \phi_A(r_2)\phi_B(r_1) \tag{A.15}$$

で表すこととした．この2電子系の波動関数を表す近似法を**ハイトラー-ロンドン法**という．この波動関数を用いることによって，エネルギー E は

$$E = 2E_1 + Q \pm J \tag{A.16}$$

となる．ここで

$$J = \int \phi_A^*(r_1)\phi_B^*(r_2)V(r_1, r_2)\phi_A(r_2)\phi_B(r_1)d\tau \tag{A.17}$$

であり，J を**交換積分**という．電子の個別性を考えなかったときには，エネルギー E は式 (A.13) で表すことができたが，その値と式 (A.13) の値を比較すると，$\pm J$ の分だけ異なっている．水素分子においては J の値は負になる．式

(A.16)から求めたEも図A.3に示してあるが,電子が区別できないことを考慮すること,すなわちJを加えることによって,実験結果に大きく近づいたことが確認できるであろう。

A.2 励起源の違いによる発光X線スペクトルの形状変化

発光X線やオージェ電子スペクトルの測定を行うためには,まず何らかの励起源となるプローブを試料に照射し,内殻の電子を励起する必要がある。ここまでの説明では,プローブを照射することによって,一つの電子のみが励起される状態だけを考えてきた。しかしながら,プローブを試料に照射したときに,つねに一つだけの電子が励起されるわけではなく,ある確率で同時に2個以上の電子が励起されることがある。ここでは,励起源が異なることによって,上記のような多電子同時励起(多重励起:multiple excitation)が起こり,それによって得られるスペクトルの形状が変化するような例として,X線と加速イオンを励起源として発光X線を測定した場合に得られる発光X線スペクトルの微細構造の違いについて,検討してみることにしよう。

まず,X線管から発生した白色X線励起と 5.5 MeV の He^+ イオン励起によるフッ化ナトリウム(NaF)のFの$K\alpha$線スペクトルを**図A.5**に示す。ここで,図中にK^1L^nで示してあるのは,始状態においてK殻に1個,L殻にn個

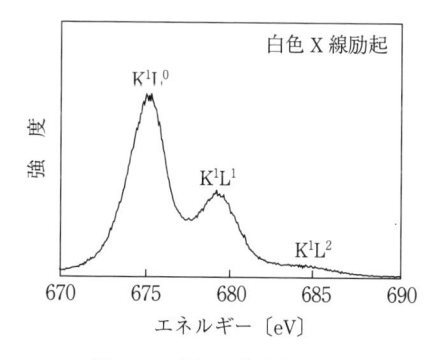

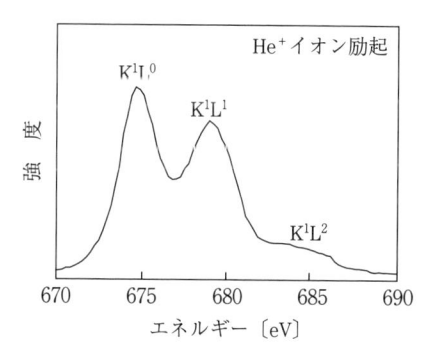

図A.5 白色X線励起と He^+ イオン励起によるNaFのFの$K\alpha$線スペクトル

の電子空孔が存在していることを示している。すなわち，異なる電子空孔の数が存在する始状態から発生したスペクトルが，同時に測定されていることになる。スペクトルの強度分布を詳しく見てみると，X線励起とイオン励起では K^1L^0 に対して K^1L^1 の強度が異なっているが，これは K^1L^0 に対して K^1L^1 となる確率，すなわち多重電離確率が異なることを意味している。X線励起の場合には，**シェイク**（shake）**過程**によってのみ多電子励起状態を作ることができるが，イオン励起の場合，イオンの電荷と電子の電荷の間に働く直接クーロン力によって，多電子が同時に電離することも可能である。

　まず，上記の多電子同時電離過程のうち，シェイク過程について考えよう。内殻の電子が電離する際に，それぞれの軌道エネルギーは深いほうへと移動する。このポテンシャル変化が急激なため，外殻の電子がその変化に追従できず，励起もしくは，電離してしまう現象をシェイク過程という。前者の励起される過程を**シェイクアップ**，後者の電離される過程を**シェイクオフ**という。これらのシェイク過程による電子配置の変化を**図 A.6** に示す。

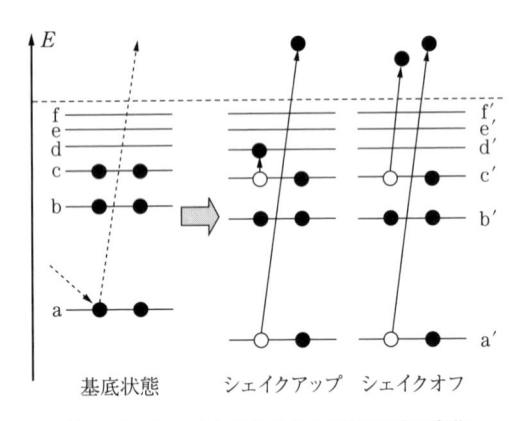

図 A.6　シェイク過程による電子配置の変化

　シェイク過程が起こる確率すなわちシェイク確率は，内殻空孔が存在する状態においても，それ以外の電子がそれぞれその軌道にとどまるか否かを考え，とどまれない電子がシェイクされるものとして計算できる。いま，ある電子（図の例では c 軌道の電子）が，内殻空孔が存在してもそのままその軌道にと

A.2 励起源の違いによる発光X線スペクトルの形状変化

どまる確率は，電子の基底状態における波動関数 ϕ_i と内殻空孔が存在している状態における波動関数 ϕ_f を用いて次式で表される．

$$\left|\langle\phi_f|\phi_i\rangle\right|^2 \tag{A.18}$$

したがって，その電子がシェイク過程によって励起もしくは電離する確率は

$$1-\left|\langle\phi_f|\phi_i\rangle\right|^2 \tag{A.19}$$

で表される．この計算法は，励起もしくは電離が瞬時に無摂動で起こるものと考えているので，**瞬間近似**（sudden approximation）と呼ばれている．

つぎに，荷電粒子（イオン）を照射した場合の多電子同時電離過程について考えてみよう．イオン照射の場合においても，当然前述のシェイク過程は起こるが，それに加えてイオン-電子間のクーロン相互作用によって，複数の電子が同時に電離する場合がある．例えば，K殻とL殻の電子が同時に電離する場合，それぞれの電子が独立に電離するものと考えれば，2項分布を用いて，K^1L^n 同時電離確率は

$$P_{K^1L^n}(E)=\binom{2}{1}P_K(E)^1\left(1-P_K(E)\right)^{2-1}\binom{8}{n}P_L(E)^n\left(1-P_L(E)\right)^{8-n} \tag{A.20}$$

で表される．ここで，$P_K(E)$ と $P_L(E)$ はそれぞれエネルギー E のイオンによるK殻とL殻の電離確率である．この式より，多電子同時電離確率を得ることができる．

このように，励起源が異なることによって，発光X線スペクトルの形状は変化することもあるが，この多電子励起現象については，他の分光実験においても起こるので注意が必要であろう．

A.3 結合エネルギー表（単位：eV）

原子番号	元素	K (1s)	L₁ (2s)	L₂ (2p₁/₂)	L₃ (2p₃/₂)	M₁ (3s)	M₂ (3p₁/₂)	M₃ (3p₃/₂)	M₄ (3d₃/₂)	M₅ (3d₅/₂)	N₁ (4s)	N₂ (4p₁/₂)	N₃ (4p₃/₂)	N₄ (4d₃/₂)	N₅ (4d₅/₂)	N₆ (4f₅/₂)	N₇ (4f₇/₂)	O₁ (5s)	O₂ (5p₁/₂)	O₃ (5p₃/₂)	O₄ (5d₃/₂)	O₅ (5d₅/₂)	P₁ (6s)	P₂ (6p₁/₂)	P₃ (6p₃/₂)
1	H	13.6																							
2	He	24.6																							
3	Li	54.7																							
4	Be	111.5																							
5	B	188																							
6	C	284.2																							
7	N	409.9	37.3																						
8	O	543.1	41.6																						
9	F	696.7																							
10	Ne	870.2	48.5	21.7	21.6																				
11	Na	1070.8	63.5	30.65	30.81																				
12	Mg	1303	88.7	49.78	49.5																				
13	Al	1559.6	117.8	72.95	72.55																				
14	Si	1839	149.7	99.82	99.42																				
15	P	2145.5	189	136	135																				
16	S	2472	230.9	163.6	162.5																				
17	Cl	2822.4	270	202	200																				
18	Ar	3205.9	326.3	250.6	248.4	29.3	15.9	15.7																	
19	K	3608.4	378.6	297.3	294.6	34.8	18.3	18.3																	
20	Ca	4038.5	438.4	349.7	346.2	44.3	25.4	25.4																	
21	Sc	4492	498	403.6	398.7	51.1	28.3	28.3																	
22	Ti	4966	560.9	460.2	453.8	58.7	32.6	32.6																	
23	V	5465	626.7	519.8	512.1	66.3	37.2	37.2																	
24	Cr	5989	696	583.8	574.1	74.1	42.2	42.2																	
25	Mn	6539	769.1	649.9	638.7	82.3	47.2	47.2																	
26	Fe	7112	844.6	719.9	706.8	91.3	52.7	52.7																	
27	Co	7709	925.1	793.2	778.1	101	58.9	59.9																	
28	Ni	8333	1008.6	870	852.7	110.8	68	66.2																	
29	Cu	8979	1096.7	952.3	932.7	122.5	77.3	75.1																	
30	Zn	9659	1196.2	1044.9	1021.8	139.8	91.4	88.6	10.2	10.1															
31	Ga	10367	1299	1143.2	1116.4	159.5	103.5	100	18.7	18.7															
32	Ge	11103	1414.6	1248.1	1217	180.1	124.9	120.8	29.8	29.2															
33	As	11867	1527	1359.1	1323.6	204.7	146.2	141.2	41.7	41.7															
34	Se	12658	1652	1474.3	1433.9	229.6	166.5	160.7	55.5	54.6															
35	Br	13474	1782	1596	1550	257	189	182	70	69															
36	Kr	14326	1921	1730.9	1678.4	292.8	222.2	214.4	95	93.8	27.5	14.1	14.1												
37	Rb	15200	2065	1864	1804	326.7	248.7	239.1	113	112	30.5	16.3	15.3												
38	Sr	16105	2216	2007	1940	358.7	280.3	270	136	134.2	38.9	21.3	20.1												
39	Y	17038	2373	2156	2080	392	310.6	298.8	157.7	155.8	43.8	24.4	23.1												
40	Zr	17998	2532	2307	2223	430.3	343.5	329.8	181.1	178.8	50.6	28.5	27.1												
41	Nb	18986	2698	2465	2371	466.6	376.1	360.6	205	202.3	56.4	32.6	30.8												
42	Mo	20000	2866	2625	2520	506.3	411.6	394	231.1	227.9	63.2	37.6	35.5												
43	Tc	21044	3043	2793	2677	544	447.6	417.7	257.6	253.9	69.5	42.3	39.9												
44	Ru	22117	3224	2967	2838	586.1	483.5	461.4	284.2	280	75	46.3	43.2												
45	Rh	23220	3412	3146	3004	628.1	521.3	496.5	311.9	307.2	81.4	50.5	47.3												
46	Pd	24350	3604	3330	3173	671.6	559.9	532.3	340.5	335.2	87.1	55.7	50.9												
47	Ag	25514	3806	3524	3351	719	603.8	573	374	368.3	97	63.7	58.3												

A.3 結合エネルギー表

原子番号	元素	K (1s)	L₁ (2s)	L₂ (2p₁/₂)	L₃ (2p₃/₂)	M₁ (3s)	M₂ (3p₁/₂)	M₃ (3p₃/₂)	M₄ (3d₃/₂)	M₅ (3d₅/₂)	N₁ (4s)	N₂ (4p₁/₂)	N₃ (4p₃/₂)	N₄ (4d₃/₂)	N₅ (4d₅/₂)	N₆ (4f₅/₂)	N₇ (4f₇/₂)	O₁ (5s)	O₂ (5p₁/₂)	O₃ (5p₃/₂)	O₄ (5d₃/₂)	O₅ (5d₅/₂)	P₁ (6s)	P₂ (6p₁/₂)	P₃ (6p₃/₂)
48	Cd	26711	4018	3727	3538	772	652.6	618.4	411.9	405.2	109.8	63.9	63.9	11.7	10.7										
49	In	27940	4238	3938	3730	827.2	703.2	665.3	451.4	443.9	122.9	73.5	73.5	17.7	16.9										
50	Sn	29200	4465	4156	3929	884.7	756.5	714.6	493.2	484.9	137.1	83.6	83.6	24.9	23.9										
51	Sb	30491	4698	4380	4132	946	812.7	766.4	537.5	528.2	153.2	95.6	95.6	33.3	32.1										
52	Te	31814	4939	4612	4341	1006	870.8	820	583.4	573	169.4	103.3	103.3	41.9	40.4										
53	I	33169	5188	4852	4557	1072	931	875	630.8	619.3	186	123	123	50.6	48.9										
54	Xe	34561	5453	5107	4786	1148.7	1002.1	940.6	689	676.4	213.2	146.7	145.5	69.5	67.5			23.3	13.4	12.1					
55	Cs	35985	5714	5359	5012	1211	1071	1003	740.5	726.6	232.3	172.4	161.3	79.8	77.5			22.7	14.2	12.1					
56	Ba	37441	5989	5624	5247	1293	1137	1063	795.7	780.5	253.5	192	178.6	92.6	89.9			30.3	17	14.8					
57	La	38925	6266	5891	5483	1362	1209	1128	853	836	274.7	205.8	196	105.3	102.5			34.3	19.3	16.8					
58	Ce	40443	6549	6164	5723	1436	1274	1187	902.4	883.8	291	223.2	206.5	109		0.1	0.1	37.8	19.8	17					
59	Pr	41991	6835	6440	5964	1511	1337	1242	948.3	928.8	304.5	236.3	217.6	115.1	115.1	2	2	37.4	22.3	22.3					
60	Nd	43569	7126	6722	6208	1575	1403	1297	1003.3	980.4	319.2	243.3	224.6	120.5	120.5	1.5	1.5	37.5	21.1	21.1					
61	Pm	45184	7428	7013	6459		1471	1357	1052	1027		242	242												
62	Sm	46834	7737	7312	6716	1723	1541	1420	1110.9	1083.4	347.2	265.6	247.4	129	129	5.2	5.2	37.4	21.3	21.3					
63	Eu	48519	8052	7617	6977	1800	1614	1481	1158.6	1.27.5	360	284	257	133	127.7	0	0	32	22	22					
64	Gd	50239	8376	7930	7243	1881	1688	1544	1221.9	1.89.6	378.6	286	271		142.6	8.6	8.6	36	28	28					
65	Tb	51996	8708	8252	7514	1968	1768	1611	1276.9	1241.1	396	322.4	284.1	150.5	150.5	7.7	2.4	45.6	28.7	22.6					
66	Dy	53789	9046	8581	7730	2047	1842	1676	1333	1292.6	414.2	333.5	293.2	153.6	153.6	8	4.3	49.9	26.3	26.3					
67	Ho	55618	9394	8918	8071	2128	1923	1741	1392	1351	432.4	343.5	308.2	160	160	8.6	5.2	49.3	30.8	24.1					
68	Er	57486	9751	9264	8358	2207	2006	1812	1453	1409	449.8	366.2	320.2	167.6	167.6		4.7	50.6	31.4	24.7					
69	Tm	59390	10116	9617	8648	2307	2090	1885	1515	1468	470.9	385.9	332.6	175.5	175.5	4.6	4.6	54.7	31.8	25					
70	Yb	61332	10486	9978	8944	2398	2173	1950	1576	1528	480.5	388.7	339.7	191.2	182.4	1.3	1.3	52	30.3	24.1					
71	Lu	63314	10870	10349	9244	2491	2264	2024	1639	1589	506.8	412.4	359.2	206.1	196.3	7.5	7.5	57.3	33.6	26.1					
72	Hf	65351	11271	10739	9561	2601	2365	2108	1716	1662	538	438.2	380.7	220	211.5	14.2	14.2	64.2	38	29.9					
73	Ta	67416	11682	11136	9881	2708	2469	2194	1793	1735	563.4	463.4	400.9	237.9	226.4	23.5	21.6	69.7	42.2	32.7					
74	W	69525	12100	11544	10207	2820	2575	2281	1872	1809	594.1	490.4	423.6	255.9	243.5	33.6	31.4	75.6	45.3	36.8					
75	Re	71676	12527	11959	10535	2932	2682	2367	1949	1883	625.4	518.7	446.8	273.9	260.5	42.9	40.5	83	45.6	34.6					
76	Os	73871	12968	12385	10871	3049	2792	2457	2031	1960	658.2	549.1	470.7	293.1	278.5	53.4	50.7	84	58	48					
77	Ir	76111	13419	12824	11215	3174	2909	2551	2116	2040	691.1	577.8	495.8	311.9	296.3	63.8	60.8	95.2	63	48					
78	Pt	78395	13880	13273	11564	3296	3027	2645	2202	2122	725.4	609.1	519.4	331.6	314.6	74.5	71.2	101.7	65.3	51.7					
79	Au	80725	14353	13734	11919	3425	3148	2743	2291	2206	762.1	642.7	546.3	353.2	335.1	87.6	84	107.2	74.2	57.2					
80	Hg	83102	14839	14209	12284	3562	3279	2847	2385	2295	802.2	680.2	576.6	378.2	358.8	104	99.9	127	83.1	64.5	9.6	7.8			
81	Tl	85530	15347	14698	12658	3704	3416	2957	2485	2389	846.2	720.5	609.5	405.7	385	122.2	117.8	136	94.6	73.5	14.7	12.5			
82	Pb	88005	15861	15200	13055	3851	3554	3066	2586	2484	891.8	761.9	643.5	434.3	412.2	141.7	136.9	147	106.4	83.3	20.7	18.1			
83	Bi	90524	16388	15711	13419	3999	3696	3177	2688	2580	939	805.2	678.8	464	440.1	162.3	157	159.3	119	92.6	26.9	23.8			
84	Po	93105	16939	16244	13814	4149	3854	3302	2798	2683	995	851	705	500	473	184	184	177	132	104	31	31			
85	At	95730	17493	16785	14214	4317	4008	3426	2909	2787	1042	886	740	533	507	210	210	195	148	115	40	40			
86	Rn	98404	18049	17337	14619	4482	4159	3538	3022	2892	1097	929	768	567	541	238	238	214	164	127	48	48	26		
87	Fr	101137	18639	17907	15031	4652	4327	3663	3136	3000	1153	980	810	603	577	268	268	234	182	140	58	58	34	15	
88	Ra	103922	19237	18484	15444	4822	4490	3792	3248	3105	1208	1058	879	636	603	299	299	254	200	153	68	68	44	19	
89	Ac	106755	19840	19083	15871	5002	4656	3930	3370	3219	1269	1080	890	675	639	319		272	215	167	80	80			
90	Th	109651	20472	19693	16300	5182	4830	4046	3491	3332	1330	1168	966.4	712.1	675	342.4	333.1	290	229	182	92.5	85.4	41.4		15
91	Pa	112601	21105	20314	16733	5367	5001	4174	3611	3442	1387	1224	1007	743	708	371	360	310	232	192	94	94		24.5	16.6
92	U	115606	21757	20948	17166	5548	5182	4303	3728	3552	1439	1271	1043	778.3	736.2	388.2	377.4	321	257	192	102.8	94.2	43.9	26.8	16.8

J.A. Bearden and A.F. Burr : Rev. Mod. Phys. **39** (1967) 125.

A.4 X線吸収端のエネルギー表（単位：keV）

原子番号	元素	K	L_1	L_2	L_3	原子番号	元素	K	L_1	L_2	L_3
1	H	0.0136				47	Ag	25.517	3.81	3.528	3.352
2	He	0.0246				48	Cd	26.712	4.019	3.727	3.538
3	Li	0.055				49	In	27.928	4.237	3.939	3.729
4	Be	0.116				50	Sn	29.19	4.464	4.157	3.928
5	B	0.192				51	Sb	30.486	4.697	4.381	4.132
6	C	0.283				52	Te	31.809	4.938	4.613	4.314
7	N	0.399				53	I	33.164	5.19	4.856	4.559
8	O	0.531				54	Xe	34.579	5.452	5.104	4.782
9	F	0.687				55	Cs	35.959	5.72	5.358	5.011
10	Ne	0.874	0.048	0.022	0.022	56	Ba	37.41	5.995	5.623	5.247
11	Na	1.08	0.055	0.034	0.034	57	La	38.931	6.283	5.894	5.489
12	Mg	1.303	0.063	0.05	0.049	58	Ce	40.449	6.561	6.165	5.729
13	Al	1.559	0.087	0.073	0.072	59	Pr	41.988	6.846	6.443	5.968
14	Si	1.838	0.118	0.099	0.098	60	Nd	43.571	7.144	6.727	6.215
15	P	2.142	0.153	0.129	0.128	61	Pm	45.207	7.448	7.018	6.466
16	S	2.47	0.193	0.164	0.163	62	Sm	46.846	7.754	7.281	6.721
17	Cl	2.819	0.238	0.203	0.202	63	Eu	48.515	8.069	7.624	6.983
18	Ar	3.203	0.287	0.247	0.245	64	Gd	50.299	8.393	7.94	7.252
19	K	3.607	0.341	0.297	0.294	65	Tb	51.988	8.724	8.258	7.519
20	Ca	4.038	0.399	0.352	0.349	66	Dy	53.789	9.083	8.621	7.85
21	Sc	4.496	0.462	0.411	0.406	67	Ho	55.615	9.411	8.92	8.074
22	Ti	4.964	0.53	0.46	0.454	68	Er	57.483	9.776	9.263	8.364
23	V	5.463	0.604	0.519	0.512	69	Tm	59.335	10.144	9.628	8.652
24	Cr	5.988	0.679	0.583	0.574	70	Yb	61.303	10.486	9.977	8.943
25	Mn	6.537	0.762	0.65	0.639	71	Lu	63.304	10.867	10.345	9.241
26	Fe	7.111	0.849	0.721	0.708	72	Hf	65.313	11.264	10.734	9.556
27	Co	7.709	0.929	0.794	0.779	73	Ta	67.4	11.676	11.13	9.876
28	Ni	8.331	1.015	0.871	0.853	74	W	69.508	12.09	11.535	10.198
29	Cu	8.98	1.1	0.953	0.933	75	Re	71.662	12.522	11.955	10.531
30	Zn	9.66	1.2	1.045	1.022	76	Os	73.86	12.65	12.383	10.869
31	Ga	10.368	1.3	1.134	1.117	77	Ir	76.097	13.41	12.819	11.211
32	Ge	11.103	1.42	1.248	1.217	78	Pt	78.379	13.873	13.268	11.559
33	As	11.863	1.529	1.359	1.323	79	Au	80.713	14.353	13.733	11.919
34	Se	12.652	1.652	1.473	1.434	80	Hg	83.106	14.841	14.212	12.285
35	Br	13.475	1.794	1.599	1.552	81	Tl	85.517	15.346	14.697	12.657
36	Kr	14.323	1.931	1.727	1.675	82	Pb	88.001	15.87	15.207	13.044
37	Rb	15.201	2.067	1.866	1.806	83	Bi	90.521	16.393	15.716	13.424
38	Sr	16.106	2.221	2.008	1.941	84	Po	93.112	16.935	16.244	13.817
39	Y	17.037	2.369	2.154	2.079	85	At	95.74	17.49	16.784	14.215
40	Zr	17.998	2.547	2.305	2.22	86	Rn	98.418	18.058	17.337	14.618
41	Nb	18.987	2.706	2.476	2.374	87	Fr	101.15	18.638	17.904	15.028
42	Mo	20.002	2.884	2.627	2.523	88	Ra	103.93	19.233	18.481	15.442
43	Tc	21.054	3.054	2.795	2.677	89	Ac	106.76	19.842	19.078	15.865
44	Ru	22.118	3.236	2.966	2.837	90	Th	109.63	20.46	19.688	16.296
45	Rh	23.224	3.419	3.145	3.002	91	Pa	112.58	21.102	20.311	16.731
46	Pd	24.347	3.617	3.329	3.172	92	U	115.59	21.753	20.943	17.163

J.A. Bearden and A.F. Burr : Rev. Mod. Phys. **39** (1967) 125.

A.5 特性X線のエネルギー表（単位：keV）

原子番号	元素	Kα_1	Kα_2	Kβ_1	Lα_1	Lα_2	Lβ_1	Lβ_2
1	H							
2	He							
3	Li	0.0543						
4	Be	0.1085						
5	B	0.1833						
6	C	0.277						
7	N	0.3924						
8	O	0.5249						
9	F	0.6768						
10	Ne	0.8486	0.8486					
11	Na	1.04098	1.04098	1.0711				
12	Mg	1.2536	1.2536	1.3022				
13	Al	1.4867	1.48627	1.55745				
14	Si	1.73998	1.73938	1.83594				
15	P	2.0137	2.0127	2.1391				
16	S	2.30784	2.30664	2.46404				
17	Cl	2.62239	2.62078	2.8156				
18	Ar	2.9577	2.95563	3.1905				
19	K	3.3138	3.3111	3.5896				
20	Ca	3.69168	3.68809	4.0127	0.3413	0.3413	0.3449	
21	Sc	4.0906	4.0861	4.4605	0.3954	0.3954	0.3996	
22	Ti	4.51084	4.50486	4.93181	0.4522	0.4522	0.4584	
23	V	4.9522	4.94464	5.42729	0.5113	0.5113	0.5192	
24	Cr	5.41472	5.40551	5.94671	0.5728	0.5728	0.5828	
25	Mn	5.89875	5.88765	6.49045	0.6374	0.6374	0.6488	
26	Fe	6.40384	6.39084	7.05798	0.705	0.705	0.7185	
27	Co	6.93032	6.9153	7.64943	0.7762	0.7762	0.7914	
28	Ni	7.47815	7.46089	8.26466	0.8515	0.8515	0.8688	
29	Cu	8.04778	8.02783	8.90529	0.9297	0.9297	0.9498	
30	Zn	8.63886	8.61578	9.572	1.0117	1.0117	1.0347	
31	Ga	9.25174	9.22482	10.2642	1.09792	1.09792	1.1248	
32	Ge	9.88642	9.85532	10.9821	1.188	1.188	1.2185	
33	As	10.5437	10.508	11.7262	1.282	1.282	1.317	
34	Se	11.2224	11.1814	12.4959	1.3791	1.3791	1.41923	
35	Br	11.9242	11.8776	13.2914	1.48043	1.48043	1.5259	
36	Kr	12.649	12.598	14.112	1.586	1.586	1.6366	
37	Rb	13.3953	13.3358	14.9613	1.69413	1.69256	1.75217	
38	Sr	14.165	14.0979	15.8357	1.80656	1.80474	1.87172	
39	Y	14.9584	14.8829	16.7378	1.92256	1.92047	1.99584	
40	Zr	15.7751	15.6909	17.6678	2.04236	2.0300	2.1244	2.2194
41	Nb	16.6151	16.521	18.6225	2.16589	2.163	2.2574	2.367
42	Mo	17.4793	17.3743	19.6083	2.29316	2.28985	2.39481	2.5183
43	Tc	18.3671	18.2508	20.619	2.424		2.5368	
44	Ru	19.2792	19.1504	21.6568	2.55855	2.55431	2.68323	2.836
45	Rh	20.2161	20.0737	22.7236	2.69674	2.69205	2.83441	3.0013
46	Pd	21.1771	21.0201	23.8187	2.83861	2.83325	2.99022	3.17179

A.5 (つづき)

原子番号	元素	$K\alpha_1$	$K\alpha_2$	$K\beta_1$	$L\alpha_1$	$L\alpha_2$	$L\beta_1$	$L\beta_2$
47	Ag	22.1629	21.9903	24.9424	2.98431	2.97821	3.15094	3.34781
48	Cd	23.1736	22.9841	26.0955	3.13373	3.12691	3.31657	3.52812
49	In	24.2097	24.002	27.2759	3.28694	3.27929	3.48721	3.71381
50	Sn	25.2713	25.044	28.486	3.44398	3.43542	3.6628	3.90486
51	Sb	26.3591	26.1108	29.7256	3.60472	3.59532	3.84357	4.10078
52	Te	27.4723	27.2017	30.9957	3.76933	3.7588	4.02958	4.3017
53	I	28.612	28.3172	32.2947	3.93765	3.92604	4.22072	4.5075
54	Xe	29.779	29.458	33.624	4.1099			
55	Cs	30.9728	30.6251	34.9869	4.2865	4.2722	4.6198	4.9359
56	Ba	32.1936	31.8171	36.3782	4.46626	4.4509	4.82753	5.1565
57	La	33.4418	33.0341	37.801	4.65097	4.63423	5.0421	5.3835
58	Ce	34.7197	34.2789	39.2573	4.8402	4.823	5.2622	5.6134
59	Pr	36.0263	35.5502	40.7482	5.0337	5.0135	5.4889	5.85
60	Nd	37.361	36.8474	42.2713	5.2304	5.2077	5.7216	6.0894
61	Pm	38.7247	38.1712	43.826	5.4325	5.4078	5.961	6.339
62	Sm	40.1181	39.5224	45.413	5.6361	5.6009	6.2051	6.586
63	Eu	41.5422	40.9019	47.0379	5.8457	5.8166	6.4564	6.8432
64	Gd	42.9962	42.3089	48.697	6.0572	6.025	6.7132	7.1028
65	Tb	44.4816	43.7441	50.382	6.2728	6.238	6.978	7.3667
66	Dy	45.9984	45.2078	52.119	6.4952	6.4577	7.2477	7.6357
67	Ho	47.5467	46.6997	53.877	6.7198	6.6795	7.5253	7.911
68	Er	49.1277	48.2211	55.681	6.9487	6.905	7.8109	8.189
69	Tm	50.7416	49.7726	57.517	7.1799	7.1331	8.101	8.468
70	Yb	52.3889	51.354	59.37	7.4156	7.3673	8.4018	8.7588
71	Lu	54.0698	52.965	61.283	7.6555	7.6049	8.709	9.0489
72	Hf	55.7902	54.6114	63.234	7.899	7.8446	9.0227	9.3473
73	Ta	57.532	56.277	65.223	8.1461	8.0879	9.3431	9.6518
74	W	59.3182	57.9817	67.2443	8.3976	8.3352	9.67235	9.9615
75	Re	61.1403	59.7179	69.31	8.6525	8.5862	10.01	10.2752
76	Os	63.0005	61.4867	71.413	8.9117	8.841	10.3553	10.5985
77	Ir	64.8956	63.2867	73.5608	9.1751	9.0995	10.7083	10.9203
78	Pt	66.832	65.112	75.748	9.4423	9.3618	11.0707	11.2505
79	Au	68.8037	66.9895	77.984	9.7133	9.628	11.4423	11.5847
80	Hg	70.819	68.895	80.253	9.9888	9.8976	11.8226	11.9241
81	Tl	72.8715	70.8319	82.576	10.2685	10.1728	12.2133	12.2715
82	Pb	74.9694	72.8042	84.936	10.5515	10.4495	12.6137	12.6226
83	Bi	77.1079	74.8148	87.343	10.8388	10.7309	13.0235	12.9799
84	Po	79.29	76.862	89.8	11.1308	11.0158	13.447	13.3404
85	At	81.52	78.95	92.3	11.4268	11.3048	13.876	
86	Rn	83.78	81.07	94.87	11.727	11.5979	14.316	
87	Fr	86.1	83.23	97.47	12.0313	11.895	14.77	14.45
88	Ra	88.47	85.43	100.13	12.3397	12.1962	15.2358	14.8414
89	Ac	90.884	87.67	102.85	12.652	12.5008	15.713	
90	Th	93.35	89.953	105.609	12.9687	12.8096	16.2022	15.6237
91	Pa	95.868	92.287	108.427	13.2907	13.1222	16.702	16.024
92	U	98.439	94.665	111.3	13.6147	13.4388	17.22	16.4283

J.A. Bearden and A.F. Burr : Rev. Mod. Phys. **39** (1967) 78.

参 考 文 献

初めから量子力学を学ぶための入門書としては,つぎの文献がよいであろう.
1) 原島　鮮:初等量子力学,裳華房 (1986)
2) 小出昭一郎:量子力学 I, II, 裳華房 (1990)
また,本書の1章で述べた,量子力学の誕生,ならびに量子力学に関する発展的な内容について,つぎの文献に詳しい説明がある.
3) 朝永振一郎:量子力学 I, II, みすず書房 (1969)
量子化学の全般的内容を理解するには,つぎの文献が適しているであろう.
4) C.A.Coulson:化学結合論,岩波書店 (1963)
量子化学の発展的な内容や,詳しい説明は,つぎの文献がよいであろう.
5) 原田義也:量子化学 上巻,下巻,裳華房 (2007)
本書では,固体物理については,電子状態に限って説明したので,固体物理全般について広い内容をカバーするものとして,つぎの文献が適当であろう.
6) N.F.Mott and H.Jones:The Theory of the properties of metals and alloys, Dover Publications (1936)
7) A. J. Dekker:固体物理,コロナ社 (1958)
また,群論の物質への適用という観点においては,つぎの文献が便利であろう.
8) 中崎昌雄:分子の対称と群論,東京化学同人 (1973)
9) 今野豊彦:物質の対称性と群論,共立出版 (2001)
最後に,8章では,多くの実験結果,および解析結果を示したが,多くのデータは,以下の学術論文からの引用であり,詳細については,これらを参照されたい.
10) M.Uda, T.Yamamoto and T.Tatebayashi:*Nucl. Instr. Meth.* **B150** (1999) 55. (8.2.1項)
11) T.Yamamoto and M.Uda:*J. Electron Spectrosc. Relat. Phenom.* **87** (1998) 187. (8.3.1項)
12) T.Yamamoto, C.Sato, M.Mogi, I.Tanaka and H.Adachi:*J. Electron Specrosc. Relat. Phenom.* **135** (2004) 21. (8.3.1項)
13) M. Mogi, T. Yamamoto, T. Mizoguchi, K. Tatsumi, S. Yoshioka, S. Kameyama, I. Tanaka and H. Adachi:*Mater. Trans.* **45** (2004) 2031. (8.4.1項)
14) I.Tanaka, T.Mizoguchi, M.Matsui, S.Yoshioka, H.Adachi, T.Yamamoto, T. Okajima, M.Umesaki, W.Y.Ching, Y.Inoue, M.Mizuno, H.Araki and Y.Shirai:*Nature Materials* **2** (2003) 541. (8.4.2項)
15) M. Kunisu, F. Oba, H. Ikeno, I. Tanaka and T. Yamamoto:*Appl. Phys. Lett.* **86** (2005) 121902. (8.4.3項)
16) T. Yamamoto, T. Mizoguchi and I. Tanaka:*Phys. Rev.* **B71** (2005) 245113. (8.4.4項)

索引

【あ】
アインシュタイン　5

【い】
硫黄　144
イオン芯　105
異核2原子分子　59
1電子近似　18, 37
1電子波動関数　43
井戸形ポテンシャル　8, 13, 106
陰極線　1

【う】
ウィグナー–ザイツセル　78
ウルツ鉱構造　158
ウーレンベック　23

【え】
永年行列式　47
永年方程式　47
エチレン分子　70
エネルギー固有値　7, 10, 21
エネルギー準位　5, 11
エネルギー分散形　141
塩化セシウム構造　91
塩化ナトリウム構造　90

【お】
オージェ遷移　150
オージェ電子　139

【か】
回映操作　68
回折現象　95
回転操作　67
化学結合　50
化学シフト　138, 148, 158
化学ポテンシャル　110
角関数　20
拡張ゾーン方式　120
重なり積分　46
価電子　113
価電子帯　119, 134, 135
岩塩構造　90
還元ゾーン方式　120
間接遷移形バンド構造　122

【き】
規格化条件　10, 48
基底状態　5
軌道　4
軌道成分解析　62, 64
擬ポテンシャル法　117
基本構造　77, 78
基本単位格子　78
逆空間　92
逆格子　92
逆格子ベクトル　92
既約表現　72, 74
球座標　18
鏡映操作　67
鏡映面　67
共鳴積分　46
局所状態密度　121
局所部分状態密度　121, 136
許容遷移　131
禁制遷移　131
禁制帯　113, 119
金属　118

【く】
空間群　77, 81
クープマンズの定理　135
グライド操作　85
繰返しゾーン方式　120
クロスオーバ遷移　144
クーロン積分　169

【け】
蛍光X線分光法　139
蛍光法　159
結合エネルギー　135
結合軌道　50
結晶系　77, 79
結晶構造　77
結晶構造因子　101
結晶点群　73, 81
原子価　61
原子核　2
原子価結合法　166
原子軌道関数　21
原子散乱因子　100
原子模型　2

【こ】
交換積分　170
交換相関ポテンシャル　117
交換ポテンシャル　116
交換ポテンシャル項　41
光子　5
格子　77
格子点　77
格子方向　85
格子面　86
光電効果　5
光電子　134
光電子分光　134
恒等操作　66
光量子　5

索　　　　引　　181

固有関数　　　　　　　　8
コランダム構造　　　158
ゴルトシュタイン　　　1
コーン　　　　　　　116
コーン-シャム方程式　117

【さ】

最高占有軌道　　　　57
最低非占有軌道　　　57
三斜晶　　　　　　　79
酸素分子　　　　　　57
三方晶　　　　　　　79

【し】

シェイクアップ　　　172
シェイクオフ　　　　172
シェイク確率　　　　172
シェイク過程　　　　172
紫外光電子分光　　　135
磁気モーメント　　　26
磁気量子数　　22, 33, 72
軸グライド操作　　　85
自己無頓着な状態　　39
始状態　　　　　　　128
実空間　　　　　　　92
実格子　　　　　　　92
斜方晶　　　　　　　79
シャム　　　　　　　117
周期境界条件　　107, 111
終状態　　　　　　　128
自由電子　　　　　　105
自由電子(ガス)モデル
　　　　　　　　104, 106
縮退　　　　　　　　55
主軸　　　　　　　　67
主量子数　　　22, 33, 72
シュレーディンガー　7
シュレーディンガー方程式
　　　　　　　　　　7, 12
瞬間近似　　　　　　173
状態密度　　109, 121, 136
消滅則　　　　　　　102
シンモルフィック　　81

【す】

水素　　　　　　　　18

水素分子　　　　　　45
水素様原子　　　　　22
水素類似原子　　　　22
スーパーセル　　158, 161
スピン量子数　23, 33, 72
スペクトロスコピー　133
スレーター　　　41, 116
スレーター行列式　　41

【せ】

制動放射　　　　　　139
正方晶　　　　　　　79
絶縁体　　　　　　　118
摂動近似　　　　　　126
摂動項　　　　　　　129
セルフコンシステントな
　状態　　　　　　　39
セルフコンシステント
　フィールド法　　　39
閃亜鉛鉱構造　　　　90
遷移確率　　126, 128, 143
全状態密度　　　　　136
全電子収量法　　　　156
全電子法　　　　　　117
占有分子軌道　　　　57

【そ】

側心　　　　　　　　80
存在確率　　　8, 10, 13

【た】

第一原理計算　115, 158, 161
第1ブリユアンゾーン
　　　　　　　　　93, 112
対角グライド操作　　85
対称操作　　　　　　66
体心　　　　　　　　80
体心立方格子　　　　88
体心立方構造　　　　88
タイトバインディング法　117
ダイヤモンドグライド操作
　　　　　　　　　　85
ダイヤモンド構造　　89
多重項　　　　　　　150
多重電離確率　　　　172
多体問題　　　　18, 35

多電子原子　　　　　35
多面体群　　　　　68, 71
単位格子　　　　　　78
単斜晶　　　　　　　79
単純立方格子　　　　91
断熱近似　　　　　　20

【ち】

窒素分子　　　　　　51
中心力場　　　　　　18
直接遷移形バンド構造　122
直交化された平面波法　117

【つ】

強く束縛された電子モデル
　　　　　　　　　　113

【て】

定在波　　　　　　　11
定常状態　　　　　　5
底心　　　　　　　　80
ディフラクトメータ法
　　　　　　　　　96, 98
デカルト座標　　　　18
デバイ-シェラー法　　96
電気双極子近似　131, 143
電気双極子遷移　　　142
点群　　　　　　　　66
電子　　　　　　　　2
　――のスピン　　　23
電子状態解析　　　　134
電子状態密度　　　　109
伝導帯　　　　　　　119
電離確率　　　　　　136

【と】

等核2原子分子　　　51
動径関数　　　　　　20
等高線図　　　　　　75
特性X線　　　　　　139
ド・ブロイ　　　　　5
トムソン　　　　1, 104
　――の式　　　　　100
トムソンモデル　　　2
ドルーデ　　　　　　104

索引

【な】

内殻 51
内殻空孔 139
内殻空孔効果 157
内量子数 138
長岡-ラザフォードモデル 3
軟X線 157

【に】

二重性 5
2体問題 18, 35

【ね】

熱励起 111, 119

【の】

ノンシンモルフィック 85

【は】

ハイトラー-ロンドン法 170
ハウトスミット 23
パウリ 33
パウリの排他原理 33, 39
箱形バンド図 118
波長分散形 141
発光X線分光法 142
パッシェン系列 29
波動関数 7
波動性 5
ハートリー 36
ハートリー近似 36
ハートリー-フォック近似 39, 115
ハートリー-フォック-
　スレーター近似 116
ハートリー-フォック法 135
ハミルトニアン 7
バルマー 3
バルマー系列 29
反結合軌道 50
反像点 68
反対称 54
反転操作 68
バンド 118
半導体 119

半導体検出器 141

【ひ】

菱面体 80
菱面体晶 79
非占有分子軌道 57

【ふ】

フェルミエネルギー 109
フェルミ準位 109, 119
フェルミ-ディラック分布 110
フェルミの黄金律 130
物質波 5
部分状態密度 121
ブラケット系列 29
ブラッグ回折 112
ブラッグの回折条件 96
ブラベー格子 77, 80
プリエッジ 163
ブリュアンゾーン 92
ブリュッカー 1
ブロッホ 111
ブロッホ関数 112, 114
プローブ 133
分光結晶 142
分光実験 133
分子軌道関数 43
分子軌道法 44, 166
プント系列 29
フントの法則 34

【へ】

閉殻 34
平均場近似 35
ヘルマン-モーガン記号 73, 85
ペロブスカイト構造 91
偏光 161, 162
変分原理 45

【ほ】

ボーア 4
方位量子数 22, 33, 72
補強された平面波法 117
ホーヘンベルグ 116

ほぼ自由な電子モデル 104, 111

【ま】

マリケン 61, 148
　——の軌道成分解析 148

【み】

水分子 70
密度汎関数法 115, 135
ミラー 86
ミラー指数 86

【め】

メタン 71
面心 80
面心立方格子 88
面心立方構造 88

【よ】

陽子 4
四重極遷移 163

【ら】

ライマン系列 29
ラゲールの陪多項式 21
ラザフォード 2
ラザフォード散乱 2
らせん操作 85

【り】

立方晶 79
粒子性 5
リュードベリ定数 30
量子仮説 4
量子数 5, 11, 22, 33

【る】

ルジャンドルの陪関数 21

【れ】

励起状態 5
零点エネルギー 11
連続X線 139
連続群 68

【ろ】

六フッ化硫黄	72
六方最密構造	88
六方晶	79, 87
ローレンツ形関数	146

【A】

ab initio 法	115

【B】

bcc 構造	88

【C】

C_n 軸	67

【D】

d 軌道	30

【E】

E-k 曲線	119
E-k 図	119

【F】

fcc 構造	88

【H】

hcp 構造	88
HOMO	57

【K】

Kα 線	148
Kβ 線	144, 147
KKR 法	117
KLV オージェ電子スペクトル	152
k 空間	92

【L】

LCAO 近似	43, 51, 143
LCAO モデル	114
LUMO	57

【P】

p 軌道	30

【S】

SCF 法	39
s 軌道	30

【U】

UPS	135

【V】

VB 法	166

【X】

XANES スペクトル	154
Xα 法	116, 135
XPS	135
X 線回折	95
X 線回折図形	98
X 線回折パターン	98
X 線吸収端近傍微細構造	154
X 線光電子分光	135

【ギリシャ文字】

θ-2θ 法	98
π 軌道	54
π 結合	55
σ 軌道	52
σ 結合	52

―― 著者略歴 ――

1993 年	早稲田大学理工学部卒業
1995 年	早稲田大学大学院理工学研究科修士課程修了
1998 年	早稲田大学大学院理工学研究科博士後期課程修了
	博士（工学）
1997 年	早稲田大学材料技術研究所助手
1999 年	理化学研究所研究員
2002 年	京都大学大学院工学研究科研究員
2005 年	早稲田大学理工学部助教授
2007 年	早稲田大学基幹理工学部准教授
2010 年	早稲田大学基幹理工学部教授
	現在に至る

量子物質科学入門
―量子化学と固体電子論：二つの見方―
Introduction to Quantum Materials Science
Quantum chemistry and electron theory of solids: two types of viewpoints

© Tomoyuki Yamamoto 2010

2010 年 3 月 25 日　初版第 1 刷発行
2022 年 2 月 15 日　初版第 4 刷発行

　　　　　　　　　　著　者　山　本　知　之
　　検印省略　　　　発行者　株式会社　コロナ社
　　　　　　　　　　代表者　牛来真也
　　　　　　　　　　印刷所　萩原印刷株式会社
　　　　　　　　　　製本所　有限会社　愛千製本所

112-0011　東京都文京区千石 4-46-10
発行所　株式会社　コロナ社
CORONA PUBLISHING CO., LTD.
Tokyo Japan
振替 00140-8-14844・電話 (03)3941-3131(代)
ホームページ https://www.coronasha.co.jp

ISBN 978-4-339-06617-3　C3042　Printed in Japan　　　　（新宅）

〈出版者著作権管理機構　委託出版物〉
本書の無断複製は著作権法上での例外を除き禁じられています。複製される場合は、そのつど事前に、出版者著作権管理機構（電話 03-5244-5088, FAX 03-5244-5089, e-mail: info@jcopy.or.jp）の許諾を得てください。

本書のコピー、スキャン、デジタル化等の無断複製・転載は著作権法上での例外を除き禁じられています。購入者以外の第三者による本書の電子データ化及び電子書籍化は、いかなる場合も認めていません。
落丁・乱丁はお取替えいたします。

物理定数表

名称	記号	数値	単位
電子の質量	m_e	$9.1093826 \times 10^{-31}$	kg
陽子の質量	m_p	$1.67262171 \times 10^{-27}$	kg
中性子の質量	m_n	$1.67492728 \times 10^{-27}$	kg
電気素量	e	$1.60217653 \times 10^{-19}$	C
プランク定数	h	$6.6260693 \times 10^{-34}$	J·s
ボーア半径	a_0	$5.291772108 \times 10^{-11}$	m
リュードベリ定数	R_∞	$1.0973731568525 \times 10^7$	m^{-1}
ボルツマン定数	k_B	$1.3806505 \times 10^{-23}$	$J·K^{-1}$
アボガドロ数	N_A	6.0221415×10^{23}	mol^{-1}
真空中の光速度	c	2.99792458×10^8	$m·s^{-1}$
真空の誘電率	ε_0	$8.854187817 \times 10^{-12}$	$F·m^{-1}$

単位変換;$1eV = 1.60219 \times 10^{-19} J$